高等职业教育“十四五”规划教材

大学信息技术教程

主　编　任云晖　冯政军　魏　斌

主　审　刘　峻

中国水利水电出版社
www.waterpub.com.cn
·北京·

内 容 提 要

本书是为“大学信息技术”课程编写的理论教材，是根据高职高专人才培养目标，并参照“全国计算机等级考试”和《江苏省高等学校计算机等级考试大纲》中的一级考试要求编写而成的。

本书紧跟计算机技术的最新发展，力求将计算机的基础知识和基本原理与近年来出现的新技术、新产品、新应用相结合。全书共分5章，分别介绍计算机与信息技术的基本知识、计算机硬件、计算机软件、计算机网络以及数字媒体技术的基本知识，且各章均配有习题。

全书按照科学性、先进性和实用性的原则精心组织，力争做到条理清楚，概念正确，原理简明扼要，知识新颖实用，文字通顺流畅。与本书配套的实训教材《大学信息技术实训教程》由中国水利水电出版社同期出版，可满足部分读者参加计算机等级考试的需要。

本书可作为高等职业院校“大学信息技术”课程的理论教材，也可作为全国计算机等级考试（一级）和江苏省计算机等级考试（一级）用书，还可作为对计算机和信息技术感兴趣的读者的参考用书。

图书在版编目（CIP）数据

大学信息技术教程 / 任云晖，冯政军，魏斌主编
. -- 北京 : 中国水利水电出版社，2021.8（2024.9重印）
高等职业教育“十四五”规划教材
ISBN 978-7-5170-9845-4

Ⅰ. ①大… Ⅱ. ①任… ②冯… ③魏… Ⅲ. ①电子计算机—高等职业教育—教材 Ⅳ. ①TP3

中国版本图书馆CIP数据核字(2021)第165138号

策划编辑：石永峰　　责任编辑：魏渊源　　封面设计：李　佳

书　　名	高等职业教育“十四五”规划教材 大学信息技术教程 DAXUE XINXI JISHU JIAOCHENG
作　　者	主　编　任云晖　冯政军　魏　斌 主　审　刘　峻
出版发行	中国水利水电出版社 （北京市海淀区玉渊潭南路1号D座　100038） 网址：www.waterpub.com.cn E-mail：mchannel@263.net（答疑） sales@mwr.gov.cn 电话：（010）68545888（营销中心）、82562819（组稿）
经　　售	北京科水图书销售有限公司 电话：（010）68545874、63202643 全国各地新华书店和相关出版物销售网点
排　　版	北京万水电子信息有限公司
印　　刷	三河市鑫金马印装有限公司
规　　格	184mm×260mm　16开本　10.5印张　262千字
版　　次	2021年8月第1版　2024年9月第4次印刷
印　　数	9501—13500册
定　　价	32.00元

编委会

主　编　任云晖　冯政军　魏　斌

主　审　刘　峻

委　员（以姓氏笔画为序）

丁　红　邓伟伟　孙　娟　安长俊

陈天文　张　林　张　乾　赵琳琳

洪晓静　徐迎春　高　辉

前　言

随着信息技术的飞速发展，信息技术已深入到人们生活和工作的各个领域，对我们生活及工作的影响越来越大。本书是根据教育部考试中心制定的《全国计算机等级考试一级计算机基础及 MS Office 应用考试大纲》理论部分编写而成的。

作为当代大学生，不仅应该能够熟练操作 Windows 系统、Office 等一系列软件，还应具备一定的信息技术相关领域的知识。“大学信息技术”作为大学一年级开设的课程，新同学在中小学阶段受到的计算机信息技术教育的水平参差不齐，为此我们编写本教材的原则是从基础开始，逐步深化，最后达到一定的深度。同时编入一些较新的计算机知识，以满足有一定基础的学生的学习需要。

本书同时涵盖了“全国计算机等级考试”和《江苏省高等学校计算机等级考试大纲》中的一级考试的要求，着重体现以应用为目的，力求做到深入浅出、循序渐进、体系全面，特别适合作为高职院校基础课教材，也可以作为计算机考试的培训教材，还可以作为学习计算机基础知识的辅助材料或自学参考用书。

“大学信息技术”课程包括两部分内容：一是信息技术的基础知识，以“广度优先”的原则组织教学内容，主要介绍计算机信息处理的基本概念和主要技术，采用课堂教学的形式；二是实践部分，旨在培养和训练学生操作计算机的基本技能和对常用软件的使用，采用“任务驱动”模式和以“动手操作”为主线的实验、实训形式，让学生在实践的过程中掌握计算机的操作技能。由中国水利水电出版社出版的《大学信息技术实训教程》一书可以与本书配套使用。

本书分为 5 章。第 1 章概要介绍计算机的发展、特点、应用及信息在计算机中的表示；第 2、3 章分别介绍计算机的硬件和软件技术基础；第 4、5 章分别介绍计算机网络技术与数字媒体技术。

本书由任云晖、冯政军、魏斌担任主编，刘峻对全书的编写提供了指导并制定了编写原则，任云晖拟定编写大纲并组织实施。其中，第 1 章由魏斌编写，第 2 章由张林编写，第 3 章由安长俊编写，第 4 章由冯政军、邓伟伟编写，第 5 章由徐迎春编写，习题部分由洪晓静编写。全书由冯政军统稿。

本书在编写的过程中，得到了中国水利水电出版社的大力支持，在此表示衷心感谢。同时对关心和帮助本书出版的所有同志以及本书所选用参考文献的著作者致以诚挚的谢意。

由于时间仓促及编者水平有限，本书难免有疏漏甚至错误之处，敬请广大读者批评指正。

编　者

2021 年 4 月

目　　录

第 1 章　信息技术概述

本章要点

- 信息技术的含义及其基本类型，现代信息技术的主要特征及其应用领域
- 计算机的特点、分类、应用及发展趋势
- 通信的基本概念、模拟通信与数字通信、传输介质及典型的通信系统
- 计算机中信息的表示、不同进制之间的转换及数值在计算机中的表示
- 各种新一代信息技术的基本概念及应用

1.1　信息与信息技术

1.1.1　信息与数据的基本概念

信息是事物运动的状态与状态变化的方式，是物质的一种属性。其中，“事物”是指一切可能的研究对象，如外部世界的物质客体和主观世界的精神现象；“运动”是指一切意义上的变化，如机械运动、化学运动、思维运动和社会运动；“运动方式”是指事物运动在时间上所呈现的过程和规律；“运动状态”则是指事物运动在空间上所展示的形状与态势。世间一切事物都在运动，都有一定的运动状态，因而都在产生信息。哪里有运动的事物，哪里就存在信息。

国际标准化组织（ISO）对数据所下的定义是“数据是对事实、概念或指令的一种特殊表达形式，这种特殊的表达形式可以用人工的方式或者用自动化的装置进行通信、翻译转换或者进行加工处理”。根据这个定义，通常意义下的数字、文字、图画、声音、活动图像等都可以认为是数据。

从信息表达的角度来看，数据是记录信息的一种形式，信息是数据的内涵。当数据向人们传递某些含义时，它就变成了信息。根据 ISO 的定义，可以通俗地认为：信息是对人们有用的数据，这些数据将可能影响到人们的行为和决策。

1.1.2　信息技术

日常生活中，人们所说的“IT”就是信息技术。信息技术是用来扩展人们信息器官功能、协助人们更有效地进行信息处理的一类技术。人们的信息器官主要有感觉器官、神经网络、大脑及效应器官，它们分别用于信息的获取、传递、处理并再生，以及信息的使用且使其产生实际效用。

基本的信息技术包括以下 4 类：

（1）感测与识别技术：扩展了感觉器官功能。

（2）通信与存储技术：扩展了神经网络功能。

（3）计算与存储技术：扩展了大脑功能。

（4）控制与显示技术：扩展了效应器官功能。

现代信息技术的主要特征是以数字技术为基础，以计算机为核心，采用电子技术进行信息的收集、传递、加工、存储、显示与控制。它涉及通信、广播、计算机、微电子、遥感遥测、自动控制、机器人等诸多领域。

1.1.3 信息处理系统

1. 信息处理系统简介

辅助人们进行信息获取、传递、存储、加工处理、控制及显示的综合使用各种信息技术的系统可以统称为信息处理系统。信息处理系统的结构示意图如图 1-1 所示。

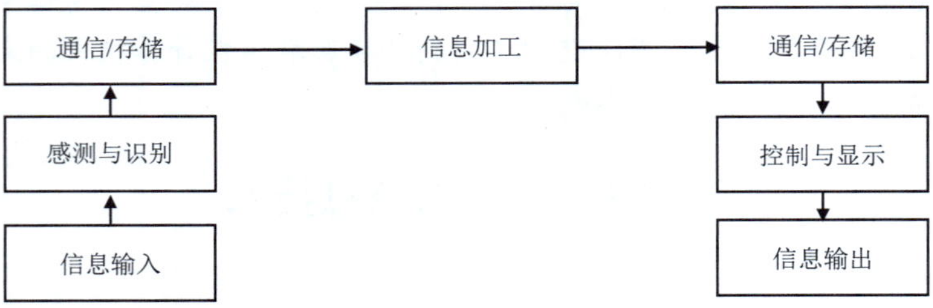

图 1-1 信息处理系统的结构示意图

现实世界中存在着多种多样的信息处理系统，例如：雷达主要是以感测与识别为主要目的的信息处理系统；电视/广播是单向、点到多点的以信息传输为主要目的的信息处理系统；电话是双向、点到点的，以信息交互为主要目的的信息处理系统；银行主要是以处理金融信息为目的的信息处理系统；图书馆主要是以信息收藏和检索为主要目的的信息处理系统；因特网是跨越全球的多功能信息处理系统等。

2. 典型信息系统介绍

（1）制造业信息系统。一般来说，制造企业的工作是以生产为中心，并围绕产品开展的。它有 3 个主要目标：最大的客户服务、最小的库存投资和高效率的企业作业。

信息技术与企业管理方法和管理手段相结合，产生了各种类型的制造业信息系统物料需求计划系统（Material Requirement Planning，MRP），它是从产品的结构，即物料清单（Bill of Material，BOM）出发，保证既不出现物料短缺，又不积压物料库存的计划管理系统，可以用它来解决制造业中缺件与超储之间的矛盾。

20 世纪 80 年代，人们把制造、财务、销售、采购以及工程技术等各子系统综合为一个系统，并把它称为制造资源计划系统（Manufacturing Resources Planning），记为 MRPⅡ。MRPⅡ把财务子系统与生产子系统结合到一起，实现了资金流与物质流的统一管理。

美国信息分析咨询公司 Gartner Group 在 MRPⅡ基础上，提出了企业资源计划（Enterprises Resources Planning，ERP）的概念。ERP 扩展了企业管理信息集成的范围，在 MRPⅡ的基础上又增加了许多新的功能。

ERP 系统除了具有制造、供销和财务等管理功能外，还集成了企业的其他管理功能，如质量管理、设备维护管理、仓库管理、运输管理、项目管理、市场信息管理、金融投资管理、法规及标准管理以及电子商务、过程控制接口、数据采集接口等，成为覆盖整个企业的管理信息系统。

在 ERP 系统的基础上还衍生出很多系统，现在的 ERP 系统都是基于 Web 环境的计算机集成制造系统（Computer Integrated Manufacturing Systems，CIMS）。

计算机集成制造系统是把人、经营知识及能力与信息技术、制造技术综合应用的过程，其目的是提高制造企业的生产率和灵活性，并将企业所有的人员、功能、信息和组织诸方面集成为一个整体。

（2）电子商务。电子商务（e- Commerce，或 Electronic Commerce，EC）即对整个贸易活动实现电子化。从其涵盖范围可定义为：交易各方以电子交易方式而不是通过直接面谈方式进行的任何形式的商业交易，包括交换数据（如电子数据交换、电子邮件）、获得数据（如共享数据库、电子公告牌）以及自动捕获数据（如条形码）等。

按照交易的双方，电子商务可以分为：企业内部的电子商务、企业与客户之间的电子商务（Business-Customer，B-C）、企业间的电子商务（Business-Business，B-B）和企业与政府间的电子商务。

（3）电子政务。电子政务（Electronic Government）是政府机构运用现代网络通信与计算机技术，将政府管理和服务职能通过精简、优化、整合、重组后在互联网络上实现的一种方式。

（4）远程教育。远程教育就是利用计算机及计算机网络进行教学，使得学生和教师可以异地完成教学活动的一种教学模式。典型的远程教育的内容主要包括课程学习、远程考试和远程讨论等。

（5）数字图书馆（Digital Library，D-Lib）。数字图书馆是一种拥有多种媒体、内容丰富的数字化信息资源，是一种能为读者方便、快捷地提供信息的服务机制。

如果把 Internet 看成一个巨大的无墙图书馆，广义的 D-Lib 的目标就是要优化 Internet 的信息存储结构，提供一致的检索接口，使整个网络成为一个虚拟的、单一的、有组织的、有结构的信息集合，实现跨仓储的有效查找。

综上所述，信息系统涉及计算机科学、图书馆与信息科学、教育、生物信息、地理、电子工程、新闻与传播、心理学、医学信息、环境科学、语言学、机器人等多个学科。

练一练（单选题）

1．电子商务的本质是（　　）。

A．计算机技术　　B．电子技术

C．商务活动　　D．网络技术

2．在下列计算机应用项目中，属于科学计算应用领域的是（　　）。

A．人机对弈　　B．民航联网订票系统

C．气象预报　　D．数控机床

3．通信技术主要是用于扩展人的（　　）。

A．处理信息功能　　B．传递信息功能

C．收集信息功能　　D．信息的控制与使用功能

4．英文缩写 CAI 的中文意思是（　　）。

A．计算机辅助教学　　B．计算机辅助制造

C．计算机辅助设计　　D．计算机辅助管理

5. 在计算机技术中，下列的英文缩写与中文名字对照正确的是（　）。

A. CAD——计算机辅助制造　B. CAM——计算机辅助教育

C. CIMS——计算机集成制造系统　D. CAI——计算机辅助设计

1.2 信息处理工具——计算机

1.2.1 计算机的诞生与发展

1946 年，世界上第一台电子数字积分式计算机——埃尼阿克（ENIAC）在美国宾夕法尼亚大学诞生，如图 1-2 所示。ENIAC 是计算机发展史上的里程碑，它通过不同部分之间的重新接线编程，还拥有并行计算能力。ENIAC 由美国政府和宾夕法尼亚大学合作开发，使用了 18000 个左右的电子管，有 500 万个左右的焊接点，耗电 160kW/h 左右，占地 167m^2 左右，质量达 30 多吨，主要用于计算弹道及进行氢弹的研制。

图 1-2 第一台电子管计算机（ENIAC）

计算机产生的根本动力是人们为创造更多的物质财富，是为了把人的大脑进行延伸，让人的潜力得到更大的发展。现在计算机的应用日益深入到社会的各个领域，如管理、办公自动化等，人们也把微型计算机称为“电脑”。

从世界上第一台计算机诞生至今，计算机获得了飞速的发展。人们根据计算机的性能和当时的硬件技术情况，将计算机的发展划分成 4 个阶段，具体见表 1-1。每一个阶段在技术上都是一次新的突破，在性能上都是一次质的飞跃。

表 1-1 计算机的发展

阶段	起止年份	主要元件	运算速度	特点	用途
1	1946－1957 年	电子管	加法运算：1000 次/s～10000 次/s	体积大、成本高、能耗大、速度低、内存容量仅几千字	国防及高科技

续表

阶段	起止年份	主要元件	运算速度	特点	用途
2	1958－1964 年	晶体管	加法运算：10 万次/s～100 万次/s	机器的体积减小、功耗减少、可靠性增强、价格降低、运算速度加快	军事与尖端技术，中小企业
3	1965－1970 年	中小规模集成电路	加法运算：100 万次/s～1000 万次/s	减小了机器的体积和质量，功耗也大大减少，增强了可靠性，节约了信息传输的时间，提高了运算速度	工业控制，数据处理，商用
4	1971 年至今	大规模以及超大规模集成电路	加法运算：一亿次/s～几十亿次/s	出现了微处理器，并且可以用微处理器和大规模、超大规模集成电路组装成微型计算机	工业、生活等各方面

目前，第 5 代计算机仍处在探索、研制阶段。第 5 代计算机的主要目标是使计算机具有人类的某些智能，如听、说、识别对象等能力，并且具有一定的学习和推理能力。

随着集成度更高的超大规模集成电路（Super Large Scale Integrated Circuits，SLSI）技术的出现，计算机正朝着微型化和巨型化两个方向发展。自 1971 年世界上第一片 4 位微处理器 Intel 4004 在 Intel 公司诞生以来，微型计算机就异军突起，以迅猛的气势渗透工业、教育、生活等许多领域。

微处理器是大规模和超大规模集成电路的产物，通常人们以微处理器为标志来划分微型计算机，如 286 机、386 机、486 机、Pentium 机、Pentium Ⅱ机、PentiumⅢ机、Pentium4 机等。微型计算机的发展史实际上就是微处理器的发展史，按照摩尔定律，微处理器的性能以平均 18 个月提高一倍的高速度发展着。

展望未来，计算机将是半导体技术、超导技术、纳米技术和仿生技术相互结合的产物。从发展方面看，计算机将向巨型化和微型化的方向发展；从应用方面看，它将向系统化、网络化、智能化的方向发展。

1.2.2 计算机的特点

计算机作为一种通用的信息处理工具，具有极快的处理速度、巨大的数据存储容量、精确的计算和逻辑判断能力，其主要特点如下。

1. 处理速度快

通常以每秒钟完成基本加法指令的数目表示计算机的运算速度。现在有的机器每秒执行 50 万次、100 万次，有的机器可达数百万次甚至数千亿次，使过去人工计算需要几年或几十年完成的科学计算（如天气预报、有限元计算等）能在几小时或更短的时间内得到结果。计算机的高速度使它在金融、交通、通信等领域能够提供实时、快速的服务。这里的“处理速度快”不局限于算术运算速度，也包括逻辑运算速度。极高的逻辑判断能力是计算机广泛应用于非数值数据领域的首要条件。

2. 计算精度高

由于计算机采用二进制数字进行运算，计算精度主要是由数据的字长决定的。随着字长的增长，配合先进的计算技术，计算机的计算精度不断提高，可以满足各类复杂计算对计算精度的要求。如用计算机计算圆周率，已可达到小数点后数百万位了。

3. 记忆能力强

计算机的存储器类似于人的大脑，可以“记忆”（存储）大量的数据和信息。随着微电子技术的发展，计算机内存储器的容量越来越大，21 世纪初期，微型计算机中主流采用的内存容量为 2GB 或 4GB，加上大容量的磁盘、光盘等外部存储器，实际的存储容量可达到海量。而且，计算机所存储的大量数据可以迅速进行查询，这种特性对信息处理是十分重要的。

4. 可靠性高

随着计算机硬件技术的迅速发展，采用大规模和超大规模集成电路的计算机具有非常高的可靠性，其平均无故障时间可以达到以“年”为单位。人们所说的“计算机错误”通常是由于与计算机相连的设备或软件的错误造成的，而由计算机硬件引起的错误越来越少了。

5. 工作全自动

冯·诺依曼体系结构计算机的基本思想之一是存储程序控制。计算机在人们预先编制好的程序控制下自动工作，不需要人工干预，工作完全自动化。

6. 使用范围广，通用性强

计算机靠存储程序控制进行工作。一般来说，无论是数值的还是非数值的数据，都可以表示成二进制数的编码，无论是复杂的还是简单的问题，都可以分解成基本的算术运算和逻辑运算，并可用程序描述解决问题的步骤。所以，不同的应用领域中，只要编制和运行不同的应用软件，计算机就能在此领域中进行很好地服务，通用性极强。

1.2.3 计算机的分类

计算机发展到今天，可谓品种繁多、门类齐全、功能各异。通常人们从不同的角度对计算机进行分类。

1. 按处理数据的形态分类

计算机按处理数据的形态分类，可以分为数字计算机、模拟计算机和混合计算机。数字计算机所处理的数据都是以“0”和“1”表示的二进制数字，是离散的数字量，如职工人数、工资数据等。数字计算机的优点是精确度高、存储量大、通用性强。模拟计算机所处理的数据是连续的，称为模拟量。模拟量以电信号的幅值来模拟数字或某物理量的大小，如电压、电流等。一般来说，模拟计算机的解题速度快，但不如数字计算机的精确。混合计算机则是集数字计算机和模拟计算机的优点于一身的计算机。

2. 按使用范围分类

计算机按其使用范围分类，可以分为通用计算机和专用计算机。通用计算机适用于一般的科技运算、学术研究、工程设计和数据处理等，人们常说的计算机就是指通用数字计算机。专用计算机是为适应某种特殊应用而设计的计算机，如飞机的自动驾驶仪等。

3. 按性能分类

按性能分类是最常用的分类方法，所依据的性能主要包括字长、存储容量、运算速度、外部设备、允许同时使用一台计算机的用户多少和价格高低等。根据这些性能可将计算机分为超级计算机、大型计算机、小型计算机、微型计算机和工作站 5 类。

（1）超级计算机（SuperComputer）。超级计算机又称为巨型机，是目前功能最强、速度最快、价格最贵的计算机，一般用于解决诸如气象、太空、能源、医药等尖端科学研究和战略武器研制中的复杂计算。它们安装在国家级的研究机关中，可供几百个用户同时使用。如美国克雷公司生产的著名的巨型机 Cray–1、Cray–2 和 Cray–3。我国自主生产的银河–III型百亿次机、曙光–2000 型机和“神威”千亿次机都属于巨型机。

（2）大型计算机（MainFrame）。这种计算机也有很高的运算速度和很大的存储量，并允许相当多的用户同时使用。当然，在量级上都不及超级计算机，价格也比超级计算机便宜。如 IBM-4300 系列、IBM-9000 系列等。这类计算机通常用于大型企业、商业管理或大型数据库管理系统中，也可用作大型计算机网络中的主机。

（3）小型计算机（MiniComputer）。小型计算机的规模比大型计算机的要小，但仍能支持十几个用户同时使用。这类机器价格便宜，适合中小型企事业单位采用。如 IBM 公司生产的 AS/400 系列都是典型的小型计算机。

（4）微型计算机（MicroComputer）。微型计算机的主要特点是小巧、灵活、便宜，不过通常一次只能供一个用户使用，所以微型计算机也叫个人计算机（Personal Computer，PC）。

（5）工作站（Workstation）。工作站与功能较强的高档计算机之间的差别已不十分明显。通常，它比微型计算机有较大的存储容量和较快的运算速度，而且配备大屏幕显示器，主要用于图像处理和计算机辅助设计等领域。

1.2.4 计算机的应用

计算机的应用已渗透到社会的各个领域，正在改变着人们的工作、学习和生活方式，推动着社会的发展。计算机的应用归纳起来可以分为以下几个方面。

1. 科学计算（或数值计算）

科学计算是指利用计算机来完成科学研究和工程技术中提出的数学问题的计算。在现代科学技术工作中，科学计算问题是大量的和复杂的。利用计算机的高速计算、大存储容量和连续运算的能力，可以解决人工无法解决的各种科学计算问题。

2. 数据处理（或信息处理）

数据处理是对各种数据进行收集、存储、整理、分类、统计、加工、利用、传播等一系列活动的统称。目前，计算机的信息管理应用已经非常普遍了，如人事管理、库存管理、车票预售、银行存款/取款等。

3. 计算机辅助功能

计算机辅助功能包括计算机辅助设计、计算机辅助制造、计算机辅助教学等。

（1）计算机辅助设计（Computer Aided Design，CAD）。计算机辅助设计是利用计算机系统辅助设计人员进行工程或产品设计，以实现最佳设计效果的一种技术。它已广泛地应用于飞机、汽车、机械、电子、建筑和轻工业等领域。

（2）计算机辅助制造（Computer Aided Manufacturing，CAM）。计算机辅助制造是利用计算机系统进行生产设备的管理、控制和操作的过程。例如，在产品的制造过程中，用计算机控制机器的运行，处理生产过程中所需的数据，控制和处理材料的流动以及对产品进行检测等。

（3）计算机辅助教学（Computer Aided Instruction，CAI）。计算机辅助教学是利用计算机系统使用课件来进行教学。课件可以用著作工具或高级语言来开发制作，它能引导学生循环渐进地学习，使学生轻松自如地从课件中学到所需要的知识。CAI 的主要特色是交互教育、个别指导和因人施教。

4. 过程控制（或实时控制）

过程控制是利用计算机及时采集检测数据，按最优值迅速地对控制对象进行自动调节或自动控制。计算机过程控制已在机械、冶金、石油、化工、纺织、水电、航天等部门得到了广泛的应用。

5. 智能（或智能模拟）

人工智能（Artificial Intelligence，AI）是计算机模拟人类的智能活动，如感知、判断、理解、学习、问题求解和图像识别等。目前人工智能的研究已取得许多成果，有些已开始走向实用阶段。

6. 网络应用

计算机技术与现代通信技术的结合构成了计算机网络。计算机网络的建立，不仅解决了一个单位、一个地区、一个国家中计算机与计算机之间的通信，各种软、硬件资源的共享，也大大促进了国际间的文字、图像、视频和声音等各类数据的传输与处理。

1.2.5 计算机的发展趋势

当前计算机的发展趋势是向巨型化、微型化、网络化和智能化方向发展。

1. 巨型化（或功能巨型化）

巨型化是指具有高速运算、大存储容量和强大功能的巨型计算机。其运算能力一般在每秒百亿次以上，内存容量在几百兆字节以上。巨型计算机主要用于尖端科学技术和军事国防系统的研究开发。

巨型计算机的发展集中体现了计算机科学技术的发展水平，推动了计算机系统结构、硬件和软件的理论和技术、计算数学以及计算机应用等多个科学分支的发展。

2. 微型化（或体积微型化）

20 世纪 70 年代以来，由于大规模和超大规模集成电路的飞速发展，微处理器芯片连续更新换代，微型计算机具有了更加丰富的软件和外部设备，其操作简单，较高的性能价格比使微型计算机很快普及到社会各个领域并走进了千家万户。

随着微电子技术的进一步发展，微型计算机将得到更加迅速的发展，其中笔记本型、掌上型等微型计算机必将以更优的性能价格比受到人们的欢迎。

3. 网络化（或资源网络化）

很多国家都已开发了“三网合一”的系统工程，即将计算机网络、电信网络及有线电视网络合为一体，通过网络能更好地传送数据、文本资料、声音、图形和图像，用户可随时随地在全世界范围拨打可视电话或收看任意国家的电视和电影。

4. 智能化（或处理智能化）

智能化就是要求计算机能模拟人的感觉和思维能力，这也是第 5 代计算机要实现的目标。智能化的研究领域很多，其中最有代表性的领域是专家系统和机器人。目前已研制出可以代替人从事危险环境的工作的机器人。运算速度为每秒约 10 亿次的“深蓝”计算机在 1997 年战胜了国际象棋世界冠军卡斯帕罗夫。

世界上有能力研制巨型机的厂商，已大多转向研制并行机或者研制向量技术与并行技术相结合的向量处理机高度并行化的系统，如 vpp500 等。总之，超级巨型机系统结构离不开并行处理技术，并行机将逐步取代传统型向量机。大规模并行处理机正值年富力强的壮年时期，技术上已趋于成熟，因而有条件、有基础、有能力担负起攀登万亿次、百万亿次，甚至更高量级超级计算机的历史使命。

练一练（单选题）

1．电子计算机最早的应用领域是（　　）。

A．数据处理　　B．科学计算

C．工业控制　　D．文字处理

2．按电子计算机传统的分代方法，第 1 代至第 4 代计算机依次是（　　）。

A．机械计算机、电子管计算机、晶体管计算机、集成电路计算机

B．晶体管计算机、集成电路计算机、大规模集成电路计算机、光器件计算机

C．电子管计算机，晶体管计算机，小、中规模集成电路计算机，大规模和超大规模集成电路计算机

D．手摇机械计算机、电动机械计算机、电子管计算机、晶体管计算机

3．按计算机应用的分类，“铁路联网售票系统”属于（　　）。

A．科学计算　　B．辅助设计

C．实时控制　　D．信息处理

4．下列关于世界上第一台电子计算机 ENIAC 的叙述，错误的是（　　）。

A．ENIAC 是 1946 年在美国诞生的

B．它主要采用电子管和继电器

C．它是首次采用存储程序和程序控制自动工作的电子计算机

D．研制它的主要目的是用来计算弹道

5．目前的许多消费电子产品（数码相机、数字电视机等）中都使用了不同功能的微处理器来完成特定的处理任务，计算机的这种应用属于（　　）。

A．科学计算　　B．实时控制

C．嵌入式系统　　D．辅助设计

1.3　信息的传递

1.3.1　通信的基本概念

1．通信的定义

现代通信的特征是通信与计算机技术相结合。在信息交换方面，数字信号的交换和处理越来越频繁地使用计算机来实现；在信息传递方面，具有全时空通信功能的移动通信、卫星通信、光纤通信已成为当今传递信息的三大新兴通信手段；在网络发展方面，电信技术已使通信

网络可向用户提供更多样化、更现代化的电信新业务，形成综合业务数字网（ISDN）。综合业务数字网是以电话网为基础，将电话、电报、传真、数据、图像以及电视广播等业务网络用数字程控交换机和光纤传输、卫星通信及移动通信等系统连接起来，实现信息采集、传递、处理和控制一体化。它可以提供比普通电话网传输速度更快、容量更大、质量更高的信息通道。现代通信所涉及的技术可归为以下 5 类。

（1）数字技术（包括编解码器、数字信号处理器）。

（2）软件技术（包括程控时分交换、分组交换）。

（3）微电子技术（包括超大规模集成电路的计算机辅助设计和微加工）。

（4）光子技术和光电子技术（包括光纤通信、光纤传感、激光器件及光电子集成）。

（5）微波技术（包括卫星通信与广播、微波接力线路、超高频移动通信等）。

现代通信的发展趋势是，在通信网数字化、综合化的基础上向智能化、宽带化、个人化方向发展。世界上一些发达国家已实施了以激光、光缆和多媒体技术为标志的计算机技术与多种通信手段相结合的“信息高速公路”计划。

2. 通信的三要素

通信的目的是信息传输。为了保证信息传输的实现，通信必须具备 3 个必要的因素（称为通信三要素）：信源、载体和信宿。信源是发出各种信息（语言、文字、图像或者数据）的信息源，可以是人，也可以是机器，如计算机等；载体是传输信息的媒体，如空气、线缆等；信宿是信息的接收者。在数据通信中，计算机（或终端）设备起着信源和信宿的作用，通信线路和必要的通信传输设备构成了传输媒体（载体）。

通信系统的简单模型如图 1-3 所示。

图 1-3 通信系统的简单模型

3. 通信系统的基本组成

通信系统的基本组成部分有信源、信宿、变换器、反变换器和信道。其中信道是信息的传输媒体；变换器的作用是将信源发出的信息变换成适合在信道上传输的信号，对应不同的信源和信道，变换器有着不同的组成和变换功能；反变换器提供与变换器相反的功能，将从信道上接收的电（或光）信号变换成可以接收的信息。例如：人们利用电话进行通信，电话机起着变换器和反变换器的作用，它将人的声音转换成能在电话线（信道）上传输的电信号，同时也将电信号转换为人们能够听到的声音。

4. 模拟信号和数字信号

通信系统中被传输的信息必须转换成某种电信号（或光信号）才能进行传输。电信号（或光信号）有两种形式：一种是模拟信号形式，如图 1-4（a）所示，使用连续变化的物理量（如信号的幅度）来表示信息，例如人们打电话或者播音员播音时声音经话筒（麦克风）转换得到的电信号；另一种是数字信号形式，如图 1-4（b）所示，使用有限个状态（一般是 2 个状态）来表示（编码）信息，例如，电报机、传真机和计算机发出的信号都是数字信号。

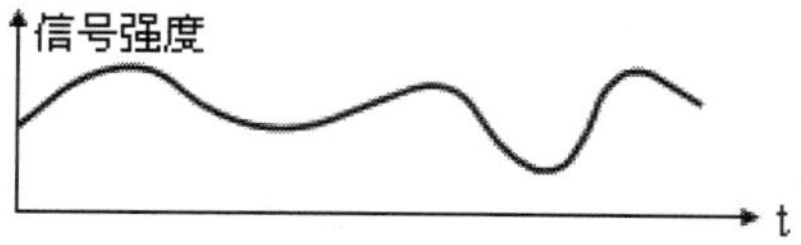

（a）模拟信号

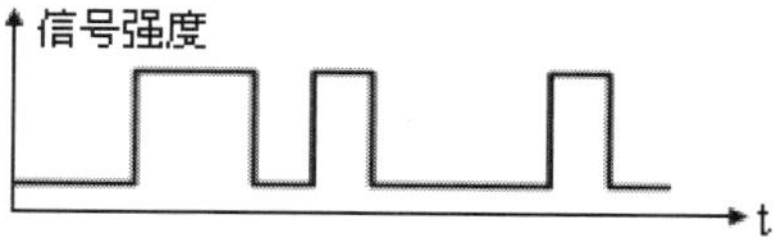

（b）数字信号

图 1-4　模拟信号与数字信号

5. 多路复用的基本概念

为了提高线路利用率，我们总是设法在一条传输线路上传输多个模拟信号（例如，话路信息）或数字信号，这就是多路复用。

多路复用技术通常包括频分多路复用、时分多路复用（码分复用）和波分多路复用。

（1）频分多路复用（Frequency Division Multiplexing，FDM）。频分多路复用将传输线路的频带分成 n 部分，每一个部分均可作为一个独立的传输信道使用。这样在一对传输线路上可有 n 对话路信息传送，而每一对话路所占用的只是其中的一个频段。频分多路复用工作原理如图 1-5 所示。

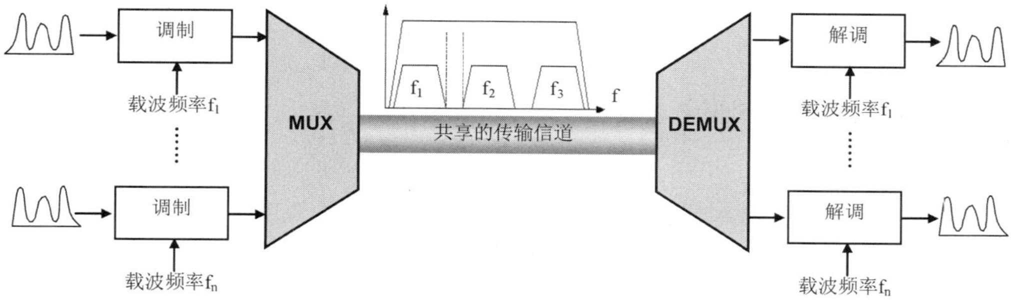

图 1-5　频分多路复用工作原理

（2）时分多路复用（Time Division Multiplexing，TDM）。时分多路复用把一个传输通道进行时间分割以传送若干话路的信息。把 n 个话路设备接到一条公共的通道上，按一定的次序轮流地给各个设备分配一段使用通道的时间；当轮到某个设备时，这个设备与通道接通，执行操作，与此同时，其他设备与通道的联系均被切断；待指定的使用时间间隔一到，则通过时分多路转换开关把通道连接到下一个要连接的设备上。时分多路复用工作原理如图 1-6 所示。

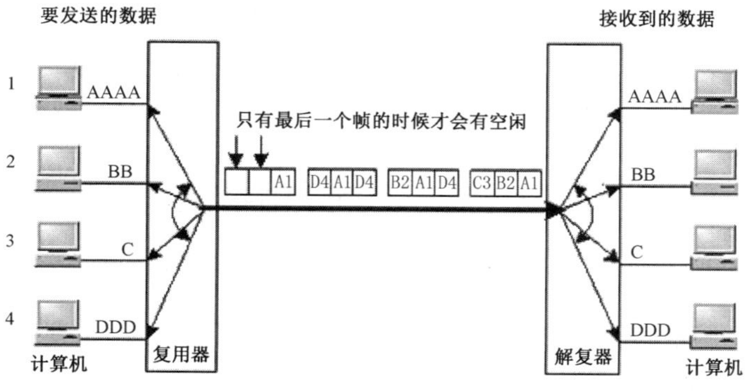

图 1-6　时分多路复用工作原理

（3）波分多路复用（Wave Division Multiplexing，WDM）。波分多路复用是指在一根光纤中传输多种不同波长的光信号，由于波长不同，所以各路光信号互不干扰，最后再用波长解复用器将各路波长分解出来。所选器件应具有灵敏度高、稳定性好、抗电磁干扰能力强、功耗小、体积小、质量轻、器件可替换性强等优点。如光源输出的光信号带宽为 40nm，在此带宽基础上可实现多个通道传感器的大规模复用。波分多路复用工作原理如图 1-7 所示。

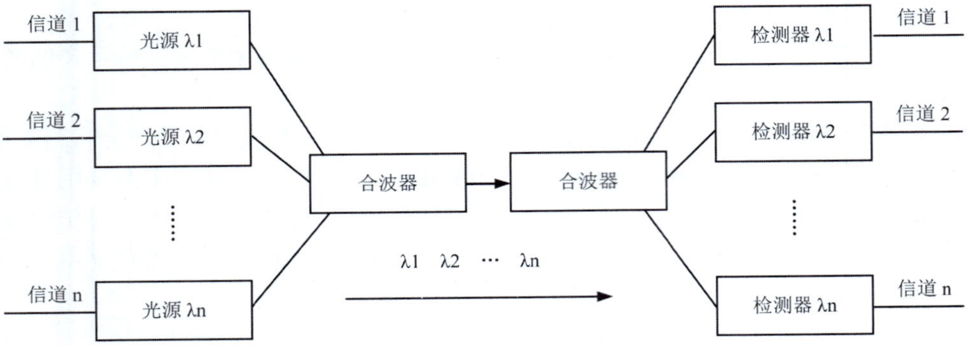

图 1-7 波分多路复用工作原理

1.3.2 模拟通信和数字通信

1. 模拟通信

利用正弦波的幅度、频率或相位的变化，或者利用脉冲的幅度、宽度或位置变化来模拟原始信号，以达到通信的目的，称为模拟通信。

通常所说的 Modem，其实是 Modulator（调制器）与 Demodulator（解调器）的简称，中文称为调制解调器。它在通信中起着很重要的作用。

“调制”就是对信号源的信息进行处理，使其变为适合于信道传输的形式的过程。在通信中，常常采用的调制方式有以下几种。

（1）对于模拟调制而言，主要有幅度调制（调幅，双边带调制）和角度调制（调频，调相）两种。

（2）对于数字调制而言，主要有脉冲调制（脉幅调制，脉宽调制等）以及增量调制等。

经过调制后的载波携带着被传输的信号在信道中进行长距离传输，到达目的地时，接收方再把载波所携带的信号检测出来恢复为原来信号的形式，这个过程称为“解调”。

模拟通信具有结构简单、成本低等优点；但模拟通信在信号的调制和传输过程中易受噪声干扰，传输质量不够稳定。模拟通信已经越来越多地被数字通信所取代。

2. 数字通信

将信源产生的模拟信号转换为数字信号（或信源直接产生数字信号）之后，直接进行传输或通过用数字信号对载波进行数字调制来传输信息的技术称为数字通信。数字通信有如下多方面的优点。

（1）抗干扰能力强，差错可控制，无噪声积累，传输质量高。

（2）灵活性好，能适应多种应用需求，声音、图像、数据均可传输。

（3）传输的数字信号可以直接由计算机进行存储、管理和处理。

（4）数字信号的加密比模拟信号容易，所以通信的安全性高。

（5）数字电路容易用超大规模集成电路实现，有利于通信设备的小型化、微型化，同时也降低了功耗。

3. 数字通信系统的主要性能指标

数字通信系统的主要性能指标有如下几点。

（1）数据传输速率，简称数据速率（Data Rate），指实际进行数据传输时单位时间内传送的二进位数目。其计量单位有“位/秒”（b/s）、“千位/秒”（kb/s）、“兆位/秒”（Mb/s）或“千兆位/秒”（Gb/s）等。

（2）信道带宽（Band Width），也称为信道容量，指一个信道允许的最大数据传输速率。信道带宽与采用的传输介质、传输距离、多路复用方法以及调制解调方法等密切相关。

（3）误码率（Error Rate），指数据传输中规定时间内出错数据占被传输数据总数的比例。

（4）端-端延迟（End-end Delay），指数据从信源传送到信宿所花费的时间。

1.3.3 通信系统

通信分为有线通信和无线通信两类。以双绞线、同轴电缆、光纤等有形线缆为传输介质的通信即为有线通信；以空间为传输介质，以能在空间自由传播的无线电波、光波、红外线以及激光等电磁波为信息载体的通信为无线通信。

1. 传输介质

（1）双绞线。双绞线由两根相互绞合成均匀螺纹状的导线所组成，多根这样的双绞线捆在一起，外面包上护套，就构成了双绞线，如图 1-8 所示。双绞线的成本较低，但易受到外部高频电磁波的干扰，误码率较高，传输距离有限。其一般应用于固定电话本地回路、计算机局域网等。

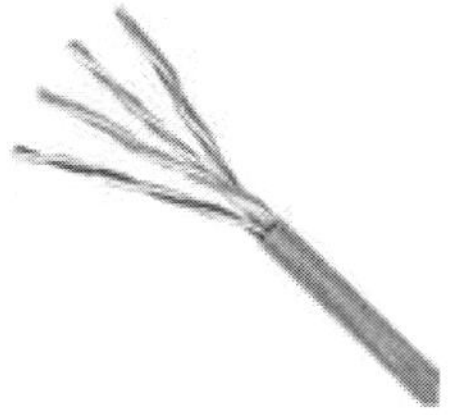

图 1-8　双绞线

（2）同轴电缆。同轴电缆是由内外相互绝缘的同轴心导体构成的电缆：内导体为铜线，外导体为铜管或网，如图 1-9 所示。电磁场封闭在内外导体之间，故辐射损耗小且受外界干扰影响小，常用于固定电话中继线路和有线电视接入等。

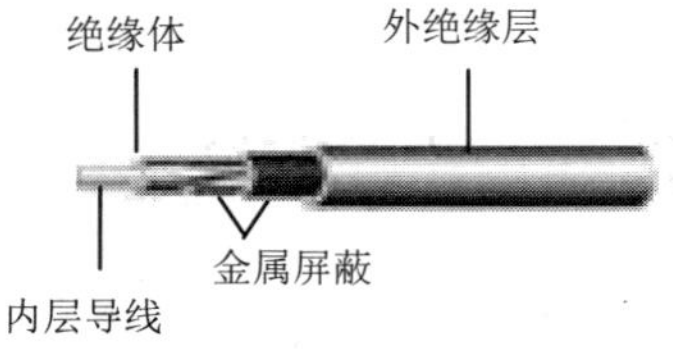

图 1-9　同轴电缆

同轴电缆具有良好的传输特性和屏蔽特性，可以用于大容量的载波通信系统。一对小同轴管可提供数千个话路，一对中同轴管可提供上万个话路，多管同轴电缆电路则能提供相当大的传输容量。

（3）光纤。光纤是光导纤维的简称，由折射率较高的纤芯和折射率略低的包层组成，包层外有涂覆层，为光线提供物理保护，屏蔽外部光源的干扰。它传输的信号是光信号，传输速率在 1Gb/s 以上。

多数光纤在使用前必须由几层保护结构包覆，包覆后的缆线即被称为光缆，如图 1-10 所示。单芯光缆只有 1 根光纤，多芯光缆含有多根光纤。

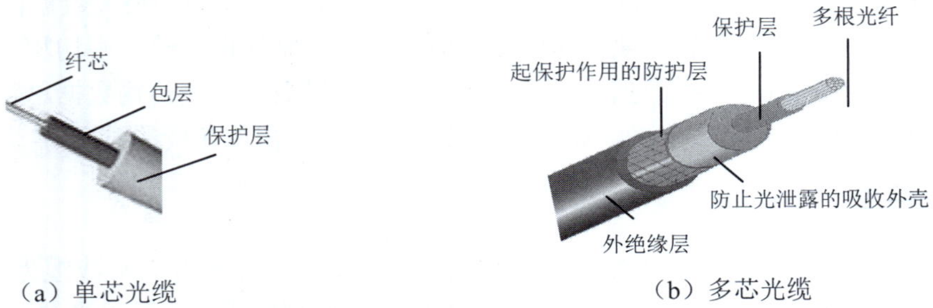

图 1-10 单芯光缆和多芯光缆

2. 几种通信系统

（1）光纤通信系统。光纤通信系统之所以受到人们的极大重视，这是因为和其他通信手段相比，光纤通信系统具有无以伦比的优越性。它的优点主要有以下几个方面。

- 通信容量大。从理论上讲，一根仅有头发丝粗细的光纤可以同时传输 1000 亿个话路。虽然目前还未达到如此高的传输容量，但用一根光纤同时传输 24 万个话路的试验已经取得成功，它的通信容量比传统的明线、同轴电缆、微波等要高出几十乃至上千倍以上。
- 中继距离长。由于光纤具有极低的衰耗系数（商用化石英光纤已达 0.19dB/km 以下），若配以适当的光发送与光接收设备，可使其中继距离达数百千米以上。
- 保密性能好。光波在光纤中传输时只在其芯区进行，基本上没有光“泄露”出去，因此其保密性能极好。
- 适应能力强。光纤不怕外界强电磁场的干扰、耐腐蚀，可挠性强（弯曲半径大于 25cm 时其性能不受影响）。
- 体积小、质量轻、便于施工维护。光缆的铺设方式方便灵活，既可以直埋、管道铺设，又可以通过水底和架空的方式进行铺设。

但是光纤通信也有缺点，就是精确连接两根光纤比较困难。

（2）微波通信系统。微波通信方式有地面微波接力通信、卫星通信和对流层散射通信 3 种。微波通信系统具有容量大、可靠性高、建设费用低以及抗灾能力强等优点。

- 地面微波接力通信。这种通信方式受地形和天线高度的限制，两站之间的通信距离仅为 50km 左右。因此，利用这种通信方式进行长距离通信，必须建立一系列将接收到的信号加以变频和放大的中继站，接力式地传输到终端站。图 1-11 所示为终端站 A 通过中继站 B、C、D、E 与另一终端站 F 进行通信。

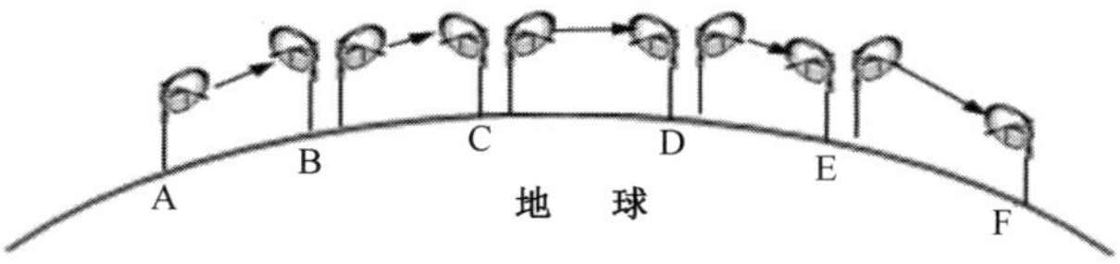

图 1-11　地面微波接力通信

- 卫星通信。卫星通信是地球上的无线电通信站间利用人造地球卫星作为中继而进行的通信，如图 1-12 所示，地面站 1 经过卫星与另一地面站 2 进行通信。卫星通信的特点：通信范围大，只要在卫星发射的电波所覆盖的范围内，任何两点之间都可以进行通信；不易受陆地灾害的影响，只要设置地球站电路即可开通；同时可在多处接收，能经济地实现广播、多址通信；电路设置非常灵活，可随时分散过于集中的话务量；同一信道可用于不同方向或不同区间。

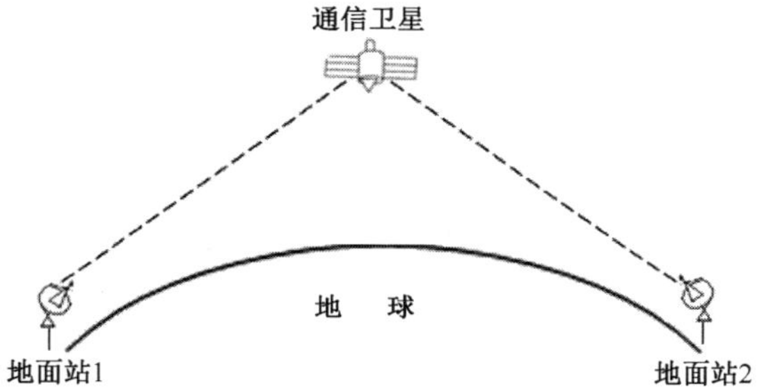

图 1-12　卫星通信

- 对流层散射通信。如图 1-13 所示，终端站 G 发出的微波信号经对流层散射传到另一终端站 H 进行通信。

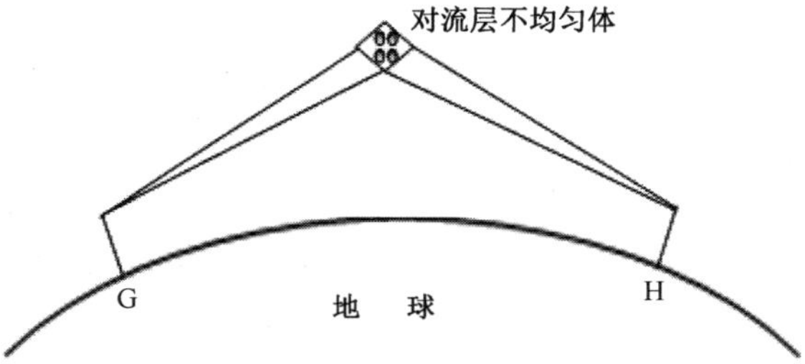

图 1-13　对流层散射通信

（3）移动通信系统。移动通信是指处于移动状态的对象之间的通信，包括寻呼系统、蜂窝移动电话（俗称手机）、集群调度、无绳电话和卫星系统。

移动通信系统是由移动台、基站和移动电话交换中心组成。移动台是移动的通信终端，它是接收无线信号的接收机，包括手机、呼机和无绳电话等。基站是与移动台联系的一个固定收发机，它接收移动台的无线信号，每个基站负责与一个特定区域（10～20km 的区域）的所有的移动台进行通信。移动电话交换中心与基站之间通过无线微波、电缆或光缆交换信息，移动电话交换中心再与公共电话网进行连接。每个基站的有效区域既相互分割，又彼此有所交叠，整个移动通信网就像是蜂窝，所以也称为“蜂窝式移动通信”。

移动通信系统经过了几代的发展，其中第 1 代传输的是模拟信号，使用频段为 800～900MHz，称为蜂窝式模拟移动通信系统。

第 2 代传输的是数字信号，使用频段为 900～1800MHz，标准有以下几种：GSM（欧洲全数字移动通信系统、全球可移动通信系统、全球通），中国电信的 GSM 网已基本实现县以上城市的覆盖，接入号有 139～135、130，采用频分多路复用技术（分为 124 个上下行信道）和时分多路复用（每个信道 8 个连接），每个蜂窝理论上支持 992 个连接，实际上可有 200 多个；CDMA（Code Division Multiple Access，码分多址接入），所有手机都占用相同带宽和频率，在整个频段上进行信号传输，但它们分别采用不同的编码原理加以区分，即 CDMA 给每一手机分配一个唯一的码序列（扩频码），并用它对承载信息的信号进行编码；IS-54（美国移动通信系统，数字系统并兼容模拟系统）；JDC（日本移动通信系统，数字系统并兼容模拟系统）。

第 3 代即 3G 时代。3G 适应于多种环境，地面移动通信与卫星移动通信相结合，提供高质量的话音通信、数据通信和高分辨率的图像通信，提供足够的系统容量，具有高保密性和优质的服务技术，可以全球漫游。

第 4 代即 4G 时代。4G 的定义到目前为止依然有待明确，它的技术参数、国际标准、网络结构、乃至业务内容均未有明确说法。

Wi-Fi 被视作 4G 技术。但 4G 技术的提倡者认为，4G 与 Wi-Fi 是不同的。2004 年 6 月，市场研究公司 Forrester 的分析师预测，4G 移动服务将是 3G 与 WiMAX 结合在一起的技术。4G 将提供以太网的接入速度（如 10Mb/s），并且通过在一部手机中把 3G 和 WiMAX 技术结合在一起，提供集成无线局域网和广域网的服务。WiMAX（也称为 802.16 标准）能够提供无线宽带网服务，最远距离可达 30 英里，速率大约为 10Mb/s。在 2004 年富士通发布的白皮书中，将 WiMAX 指为“4G”无线技术。

另外，也有很多专家对 LAS-CDMA 十分看好，认为 LAS-CDMA 代表着 4G 水平。

4G 是集 3G 与 WLAN 于一体，并能够传输高质量视频图像，它的图像传输质量与高清晰度电视不相上下。4G 系统能够以 100Mb/s 的速率进行下载，比拨号上网快 2000 倍，上传的速度也能达到 20Mb/s，并能够满足几乎所有用户对于无线服务的要求。而在用户最为关注的价格方面，4G 与固定宽带网络在价格方面不相上下，而且计费方式更加灵活机动，用户完全可以根据自身的需求确定所需的服务。此外，4G 可以在 DSL 和有线电视调制解调器没有覆盖的地方进行部署，然后再扩展到整个地区。很明显，4G 有着不可比拟的优越性。

4G 与 3G 之间的主要区别在于终端设备的类型、网络拓扑的结构以及构成网络的技术类型。终端设备除了手机之外还应当包括头戴式话机、PDA 终端、膝上机、手表式话机、电视机、游戏机、DVD、零售机，甚至宠物机等。4G 是由多种技术组成的，包括彼此似乎不相干的技术，如 Wi-Fi、超宽带无线电、便携式电脑、软件无线电等技术构成的高速全球通网络。

与 3G 手机相比，4G 手机的功能更强大，应用更广泛。4G 手机智能化的程度更高，通话只是最最基本的功能之一，更多的功能体现在多媒体应用方面。

第 5 代即 5G 时代。第 5 代移动电话行动通信标准，也称第 5 代移动通信技术。5G 网络的理论下行速度为 10Gb/s（相当于下载速度 1.25GB/s）。由于物联网尤其是互联网汽车等产业的快速发展，其对网络速度有着更高的要求，这无疑成为推动 5G 网络发展的重要因素。因此全球各地均在大力推进 5G 网络，以迎接下一波科技浪潮。

5G 标志性能力指标为“Gbps 用户体验速率”，其一组关键技术包括大规模天线阵列、超密集组网、新型多址、全频谱接入和新型网络架构。大规模天线阵列是提升系统频谱效率的最重要技术手段之一，对满足 5G 系统容量和速率需求将起到重要的支撑作用；超密集组网通过增加基站部署密度，可实现百倍量级的容量提升，是满足 5G 千倍容量增长需求的最主要手段之一；新型多址技术通过发送信号的叠加传输来提升系统的接入能力，可有效支撑 5G 网络千亿设备的连接需求；全频谱接入技术通过有效利用各类频谱资源，可有效缓解 5G 网络对频谱资源的巨大需求；新型网络架构基于 SDN、NFV 和云计算等先进技术，可实现以用户为中心的更灵活、智能、高效和开放的 5G 新型网络。

练一练（单选题）

1. 以下有关光纤通信的说法中错误的是（　　）。
   A. 光纤通信是利用光导纤维传导光信号来进行通信的
   B. 光纤通信具有通信容量大、保密性强和传输距离长等优点
   C. 因为光纤线路的损耗大，所以每隔 1～2km 距离就需要中继器
   D. 光纤通信常用波分多路复用技术提高通信容量
2. 关于微波，下列说法中正确的是（　　）。
   A. 短波比微波的波长短
   B. 微波的绕射能力强
   C. 微波是一种具有极高频率的电磁波
   D. 微波只可以用来进行模拟通信
3. 关于移动通信系统中移动台的叙述正确的是（　　）。
   A. 移动台是移动的通信终端，它是收发无线信号的设备，包括手机、无绳电话等
   B. 移动台就是移动电话的交换中心
   C. 多个移动台相互分割又彼此有所交叠，能形成“蜂窝式移动通信”
   D. 在整个移动通信系统中，移动台作用不大，因此可以省略
4. 以下通信方式中，（　　）组都属于微波远距离通信。
   ①卫星通信　　②光纤通信　　③地面微波接力通信
   A. ①②③　　B. ①②　　C. ①③　　D. ②③
5. 传输模拟信号的有线电视系统所采用的信道复用技术一般是（　　）多路复用。
   A. 时分　　B. 频分　　C. 码分　　D. 波分

1.4 计算机中信息的表示

计算机的基本功能就是进行数的计算和信息的加工处理。计算机中的信息分为数据和指令，数据是计算机处理的对象。人们习惯于使用十进制数，但在计算机中是使用二进制作为计数方法的，这是因为电子元件最容易实现的是电路的通断、电位的高低、电极的正负。为了保证在计算机中进行数据传送时不产生差错和降低计算机的硬件成本，计算机必须采用二进制数。

1.4.1 信息的最小单位——比特

1. 比特

比特指一位二进制代码，是计算机中的最小信息单位。比特（bit，binary digit 的缩写）中文翻译为“二进位数字”“二进位”，或简称为“位”。

比特只有 0 和 1 两个代码，可表示两种不同的状态（例如电位的高或低、命题的真或假）。比特是组成数字信息的最小单位，数值、文字、符号、图像、声音及命令等都可以使用比特来表示，其具体的表示方法就称为“编码”或“代码”。

2. 二进制位的运算

（1）二进制位有 3 种基本逻辑运算，如下所述。

1）逻辑加（也称“或”运算，用符号 OR 或∨表示）。

$F = A \vee B$

A:	0	0	1	1
B:	∨0	∨1	∨0	∨1
F:	0	1	1	1

2）逻辑乘（也称“与”运算，用符号 AND 或∧表示）。

$F = A \wedge B$

A:	0	0	1	1
B:	∧0	∧1	∧0	∧1
F:	0	0	0	1

3）取反（也称“非”运算，用符号 NOT 或上横杠¯表示）。

F = NOT A

A:	NOT 0	NOT 1
F:	1	0

两个多位的二进制信息进行逻辑运算时，按位独立进行，即每一位都不受其他位的影响。例如：

A:	0110	A:	0110
B:	∨1010	B:	∧1010
F:	1110	F:	0010

（2）二进制位的算术运算法则。

1）加法。

0+0=0

0+1=1

1+0=1

1+1=10（逢二进一）

2）减法。

0-0=0

0-1=1（借一当二）

1-0=1

1-1=0

3. 字节（Byte）

8 位二进制代码为一个字节。字节是衡量信息数量或存储设备容量的单位，是信息的基本单位。即：8 个比特=1 个字节（Byte，用 B 表示）。

除字节（B）外，还有千字节（KB）、兆字节（MB）及吉字节（GB）等，它们是衡量信息量或存储设备容量的单位。它们之间的换算规则如下：

1KB=2^{10}B（字节）=1024B（千字节）

1MB=2^{20}B（字节）=1024KB（兆字节）

1GB=2^{30}B（字节）=1024MB（吉字节、千兆字节）

1TB=2^{40}B（字节）=1024GB（太字节、兆兆字节）

4. 字长

字长是指一个字所包含的二进制位数。计算机的字长有 8 位、16 位、32 位和 64 位等。

1.4.2 常用数制间的转换

数制也叫作进位计数制。日常生活中最常用的数制是十进制。1 年有 12 个月，是十二进制。在计算机中采用二进制，原因是电信号一般只有两种状态。由于二进制不便于书写，所以通常将其转换为八进制或十六进制表示。

1. 常用数制

常用数制介绍如下。

（1）十进制数。日常生活中人们最熟悉十进制数，其采用“逢十进一”的进位计数制，因此十进制数中处于不同位置上的数字代表不同的值。例如，十进制数 1234.56 可以表示为

$1\times10^3+2\times10^2+3\times10^1+4\times10^0+5\times10^{-1}+6\times10^{-2}$

（2）二进制数。在计算机中使用二进制的原因：计算机的理论基础是数理逻辑，数理逻辑中的“真”和“假”可以分别用 0 和 1 来表示，这就把非数值信息的逻辑处理与数值信息的算术处理互相联系了起来；另外，二进制中只有 0 和 1 两个符号，使用有两个稳定状态的物理器件就可以表示二进制数的每一位，而制造有两个稳定状态的物理器件要比制造多个稳定状态的物理器件容易得多；二进制采用“逢二进一”的进位计数制，运算规则特别简单。

对二进制数有两种不同类型的基本运算处理：逻辑运算和算术运算。逻辑运算按位独立进行，位和位不发生关系；而算术运算会发生进位和错位处理。逻辑运算有 3 种，即逻辑乘（与）、逻辑加（或）及取反（非）。

（3）八进制数。八进制是使用数字 0、1、2、3、4、5、6、7 来表示数值的，且采用“逢八进一”的进位计数制。八进制数中处于不同位置上的数代表不同的值，每一个数字的权由 8 的幂次决定，八进制的基数为 8。

（4）十六进制数。十六进制数使用数字 0、1、2、3、4、5、6、7、8、9 和 A、B、C、D、E、F 符号来表示数值，其中 A、B、C、D、E、F 分别表示十进制数的 10、11、12、13、14、15。十六进制数的计数方法是“逢十六进一“。十六进制数中处于不同位置上的数代表不同的值，每一个数字的权由 16 的幂次决定，十六进制的基数为 16。

以上介绍的 4 种常用的数制的基数和数字符号见表 1-2。

表 1-2 常用的数制的基数和数字符号

数制	基数	数字符号
十进制	10	0、1、2、3、4、5、6、7、8、9
二进制	2	0、1
八进制	8	0、1、2、3、4、5、6、7
十六进制	16	0、1、2、3、4、5、6、7、8、9、A、B、C、D、E、F

一般来说，对于 N 进制而言，其基数为 N，使用 N 个数字符号表示，其中最大的数字为 $N-1$。无论是哪一种数制，其计数和运算都具有共同的规律与特点。采用位权表示法的数制具有以下 3 个特点。

- 数字的总个数等于基数，如十进制使用 10 个数字（0～9）。
- 最大的数字比基数小 1，如十进制中最大的数字为 9。
- 每个数字都要乘以基数的幂次，该幂次由每个数字所在的位置决定。

2. 数制之间的相互转换

由于计算机中使用的数和人们的日常习惯不同，因此有必要弄清怎样将日常的数据转换为二进制的原理及方法。计算机中将日常数据转换为二进制的过程称为计算机编码，也就是计算机将用户从键盘上输入的十进制数值及日常文字符号转换为二进制进行存储和加工，将加工后的数据转换为十进制及日常文字符号通过显示器进行显示。

（1）十进制数转换为二进制数。转换方法：整数部分“除 2 取余，直至商为 0”，转换结果按从低位到高位依次排列，最高位为最后的商；小数部分“乘 2 取整”，转换结果按整数从高位到低位依次排列。

例：将十进制数 29.6875 转换成二进制数。

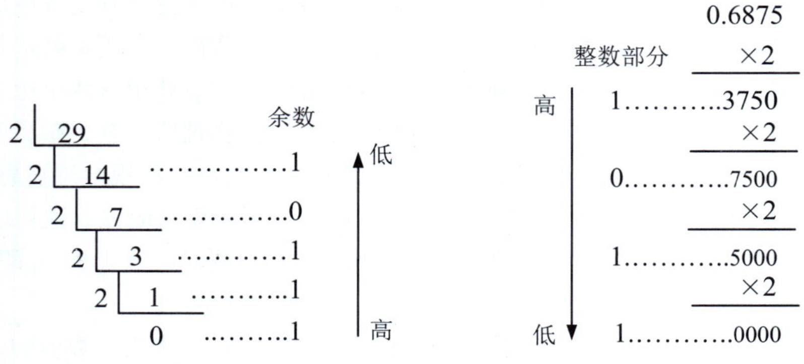

所以，29.6875D =11101.1011B。

注意：十进制小数（如 0.63）在转换时会出现二进制无穷小数，这时只能取近似值。

（2）二进制数转换为十进制数。转换方法：按权展开，相加之和。

例：将二进制数 10111 转换成十进制数。

$$
\begin{aligned}
10111B &= 1\times2^4+0\times2^3+1\times2^2+1\times2^1+1\times2^0 \\
&= 16+4+2+1 \\
&= 23D
\end{aligned}
$$

（3）二进制、八进制、十六进制和十进制之间的相互转换。在计算机中除了使用二进制外，还经常使用八进制、十六进制来表示数值。因此，我们还有必要了解八进制、十六进制的相关知识。

八进制：由 0～7 八个数字符号构成，逢八进一，进位基数为 8。

十六进制：由 0～9、A～F 十六个符号构成，逢十六进一，进位基数为 16。

一般来说，二进制数以 B 标示，八进制数以 Q 标示，十进制数以 D 标示，十六进制数以 H 标示。

1）十进制数转换为八进制数或十六进制数。转换方法：整数部分“除 8（16）取余，直至商为 0”，转换结果按从低位到高位依次排列，最高位为最后的商；小数部分“乘 8（16）取整”，转换结果按整数从高位到低位依次排列。

例：将十进制数 45.25 转换成八进制数。

```
8 | 45                ↑     0.25×8=2.0…取整数 2
   8 | 5    ………5     |
       0    ………5     |
```

运算结果：45.25D=55.2Q。

例：将十进制数 55.25 转换成十六进制数。

```
16 | 55                ↑     0.25×16=4.0…取整数 4
   16 | 3    ………7     |
        0    ………3     |
```

运算结果：55.25D=37.4H。

2）八进制数、十六进制数转换成十进制数。转换方法：同二进制数转换为十进制数的方法类似。

例：将八进制数 136 转换成十进制数。

$$136Q=1\times8^2+3\times8^1+6\times8^0$$
$$=64+24+6$$
$$=94D$$

例：将十六进制数 35A 转换成十进制数。

$$35AH=3\times16^2+5\times16^1+10\times16^0$$
$$=768+80+10$$
$$=858D$$

3）二进制数转换成八进制数。转换方法：三位一组法。1 位八进制数与 3 位二进制数的对应关系见表 1-3。

表 1-3　1 位八进制数与 3 位二进制数的对应关系

八进制数	二进制数	八进制数	二进制数
0	000	4	100
1	001	5	101
2	010	6	110
3	011	7	111

例：将二进制数 10011010110B 转换成八进制数。

010　011　010　110（不足三位补 0）

2　3　2　6

运算结果：10011010110B=2236Q。

4）二进制数转换成十六进制数。转换方法：四位一组法。

1 位十六进制数与 4 位二进制数的对应关系见表 1-4。

表 1-4　1 位十六进制数与 4 位二进制数的对应关系

十六进制数	二进制数	十六进制数	二进制数
0	0000	8	1000
1	0001	9	1001
2	0010	A	1010
3	0011	B	1011
4	0100	C	1100
5	0101	D	1101
6	0110	E	1110
7	0111	F	1111

例：将二进制数 10011010110B 转换成十六进制数。

0100　1101　0110（不足四位补 0）

4　D　6

运算结果：10011010110B=4D6H。

5）八进制数转换成二进制数。转换方法：一分为三法。

例：将八进制数 6154Q 转换成二进制数。

6　1　5　4

110　001　101　100

运算结果：6154Q=110001101100B。

6）十六进制数转换成二进制数。转换方法：一分为四法。

例：将十六进制数 9B28H 转换成二进制数。

9　B　2　8

1001　1011　0010　1000

运算结果：9B28H=1001101100101000B。

7）八进制数与十六进制数的相互转换。八进制数与十六进制数之间不能直接转换，它们之间的转换是通过二进制数间接实现的。

例：将八进制数 457Q 转换成十六进制数。

457Q=100101111B=12FH。

例：将十六进制数 3C45H 转换成八进制数。

3C45H=0011110001000101H=036105Q。

1.4.3 计算机中的数值表示

计算机中的数值信息分为整数和实数，它们都是用二进制表示的，但表示方法有很大差别。计算机中数的分类如图 1-14 所示。

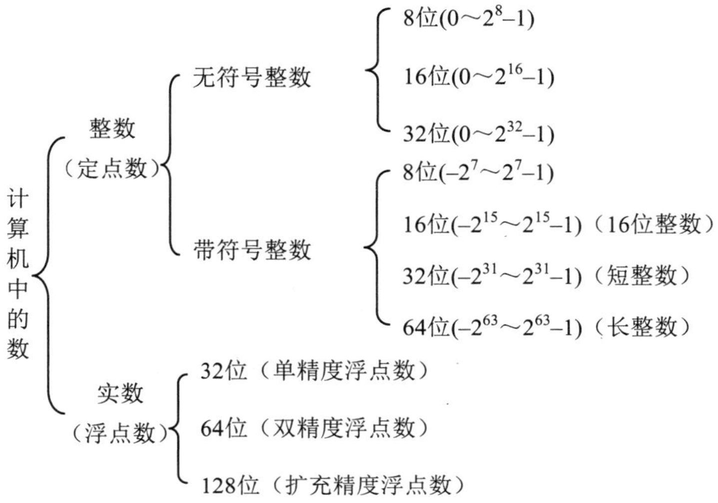

图 1-14　PC 机中数的分类

1．整数（定点数）的表示

（1）整数的概念。整数不使用小数点，或者说小数点始终隐含在个位数的右面，所以整数也叫作“定点数”。

（2）整数的分类。

1）不带符号的整数（Unsigned Integer），一定是正整数，取值范围：

8 位为 0～255（2^8−1）；16 位为 0～65535（2^{16}−1）；32 位为 0～2^{32}−1。

2）带符号的整数（Signed Integer），既可表示正整数，又可表示负整数，用最高位（最左面的一位）作为符号位，0 表示“+”（正数），1 表示“−”（负数），其余各位表示数的绝对值。带符号的整数的格式如图 1-15 所示，取值范围：8 位为−127～+127（-2^7+1～$+2^7-1$）；16 位为-2^{15}～$+2^{15}-1$；32 位为-2^{31}～$+2^{31}-1$。

例：00101011B=+43，10101011B=−43。

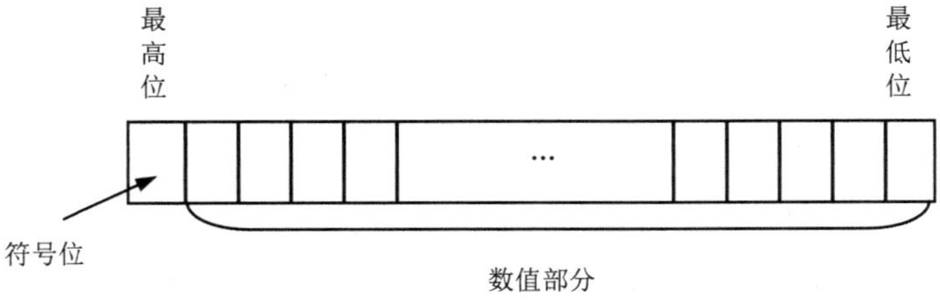

图 1-15　带符号的整数的格式

（3）带符号整数的表示方法。

1）原码表示法。正数的符号位用 0 表示，负数的符号位用 1 表示，符号位后面跟着原数值。二进制数的这种表示法称为原码表示法。

例： 假定字长为 8 位，写出两个十进制数+15 与−15 的原码。

$[+15]_{原}$=00001111B

$[-15]_{原}$=10001111B

原码表示法简单易懂，但是若遇到两个异号数相加或两个同号数相减，就要进行减法运算。为把减法运算转换为加法运算与逻辑运算，便用到了反码与补码。

2）反码表示法。正数的反码与原码相同；负数的反码，符号位用 1 表示，后面跟着的数值位逐位取反，即 1 变为 0，0 变为 1。二进制数的这种表示法称为反码表示法。

例： 假定字长为 8 位，写出两个十进制数+15 与−15 的反码。

$[+15]_{反}$ =00001111B

$[-15]_{反}$ =11110000B

3）补码表示法。正数的补码与原码相同；负数的补码，符号位用 1 表示，后面跟着的数值位逐位取反后，末位加 1。二进制数的这种表示法称为补码表示法。

例： 假定字长为 8 位，写出两个十进制数+15 与−15 的补码。

$[+15]_{补}=[+15]_{原}$=00001111B

$[-15]_{补}=[-15]_{反}$+00000001=11110000B+00000001B=11110001B

采用补码运算时，所获得的结果仍然是补码，若要得到正确的数值，需要对结果再次求补码。

例： 采用补码运算 12−32。

$[12-32]_{补}=[12]_{补}+[-32]_{补}$

$[12]_{补}$=00001100B

$[-32]_{原}$=10100000B

$[-32]_{反}$=11011111B

$[-32]_{补}$=11100000B

$[12]_{补}+[-32]_{补}$=00001100B+11100000B=11101100B

上述结果是个负数，若获得原码，需对数值位 1101100 再取补码，即：

$[1101100B]_{补}$=0010100B

通过反码、补码的简单逻辑运算即可把减法等运算转换成加法运算，从而极大地简化了数字电路。

2. 实数（浮点数）的表示

（1）实数是既有整数部分又有小数部分的数。整数和纯小数是实数的特例。任何一个实数总可以表达成一个乘幂和一个纯小数之积，例如：

$56.725=10^{2}\times(0.56725)$，

$-0.0034756=10^{-2}\times(-0.34756)$，

其中指数部分指出实数中小数点的位置，括号里是一个纯小数。

二进制数的情况完全类同。

例：$1001.011=2^{100}\times(0.1001011)$，

$-0.0010101=2^{-10}\times(-0.10101)$。

（2）浮点表示法是计算机内部用“指数”（一个整数，称为“阶码”）和“尾数”（一个纯小数）表示实数的方法，如下所示。

实数 = 尾数×2 ^{指数}，

实数 N 可表示为 $N=\pm S\times2^{\pm P}$（0<S<1）。

其中，N 代表实数；S 代表尾数；P 代表阶码，即小数点的实际位置。

浮点数的长度可以是 32 位、64 位或更长。一般来说，位数越多，可表示的数的范围越大，精度越高。

（3）浮点数（实数）的分类。Pentium 处理器中有 4 种不同类型的浮点数：

- 单精度浮点数（32 位）。
- 双精度浮点数（64 位）。
- 扩充精度浮点数（80 位）。
- 增强精度浮点数（128 位）。

不同类型的浮点数可表示的数值范围和精度各不相同，解算实际问题时要根据精度要求和计算过程中可能的数值范围来选用所需的浮点数类型，以便取得最佳的效果。

练一练（单选题）

1．在计算机的硬件技术中，构成存储器的最小单位是（　　）。

A．字节（Byte）　　B．二进制位（Bit）

C．字（Word）　　D．双字（Double Word）

2．KB（千字节）是度量存储容量大小的常用单位之一，1KB 等于（　　）。

A．1000 个字节　　B．1024 个字节

C．1000 个二进制位　　D．1024 个字

3．十进制整数 127 转换为二进制整数等于（　　）。

A．1010000　　B．0001000　　C．1111111　　D．1011000

4．用 8 位二进制数能表示的最大的无符号整数等于十进制整数（　　）。

A．255　　B．256　　C．128　　D．127

5．如果在一个非零无符号二进制整数之后添加一个 0，则此数的值为原数的（　　）。

A．4 倍　　B．2 倍　　C．1/2　　D．1/4

6．十进制数 100 转换成无符号二进制整数是（　　）。

A．0110101　　B．01101000

C．01100100　　D．01100110

7．一个字长为 8 位的无符号二进制整数能表示的十进制数值范围是（　　）。

A．0～256　　B．0～255　　C．1～256　　D．1～255

8．设任意一个十进制整数为 D，转换为二进制数 B。根据数制的概念，下列叙述中正确的是（　　）。

A．数字 B 的位数<数字 D 的位数　　B．数字 B 的位数≤数字 D 的位数

C．数字 B 的位数≥数字 D 的位数　　D．数字 B 的位数>数字 D 的位数

9．按照数的进位制概念，下列各个数中正确的八进制数是（　　）。

A．1101　　B．7081　　C．1109　　D．B03A

10．在下列不同进制的 4 个数中，最小的一个数是（　　）。

A．11011001（二进制）　　B．75（十进制）

C．37（八进制）　　D．2A（十六进制）

1.5 新一代信息技术

1.5.1 未来计算机技术

未来的计算机技术将向超高速、超小型、平行处理、智能化的方向发展。硅芯片技术的高速发展同时也意味着硅技术越来越接近其物理极限。为此，世界各国的研究人员正在加紧研究开发新型计算机，计算机从体系结构的变革到器件与技术革命都要产生一次量的乃至质的飞跃。新型的量子计算机、光子计算机、生物计算机、纳米计算机等将会走进我们的生活，遍布各个领域。

1．量子计算机

量子计算机是基于量子效应基础上开发的，它利用一种链状分子聚合物的特性来表示开与关的状态，利用激光脉冲来改变分子的状态，使信息沿着聚合物移动，从而进行运算。量子计算机中的数据用量子位存储。由于量子叠加效应，一个量子位可以是 0 或 1，也可以既存储 0 又存储 1。因此，一个量子位可以存储两个数据，同样数量的存储位，量子计算机的存储量比通常计算机大许多。同时量子计算机能够实行量子的并行计算，其运算速度可比目前个人计算机的 Pentium Ⅲ晶片快 10 亿倍。现在已知的正在开发中的量子计算机有 3 种类型，即核磁共振（NMR）量子计算机、硅基半导体量子计算机和离子阱量子计算机。

2．光子计算机

光子计算机即全光数字计算机，以光子代替电子，光互连代替导线互连，光硬件代替计算机中的电子硬件，光运算代替电运算。

与电子计算机相比，光子计算机（无导线计算机）的信息传递平行通道密度极大。一枚直径为 5 分硬币大小的棱镜，它的通过能力超过全世界现有电话电缆的许多倍。光的并行、高速特点决定了光子计算机的并行处理能力很强，具有超高速运算速度。超高速电子计算机只能在低温下工作，而光子计算机在室温下即可开展工作。光子计算机还具有与人脑相似的容错性，系统中某一元件损坏或出错时，并不影响最终的计算结果。

世界上第一台光子计算机已由欧共体的英国、法国、比利时、德国、意大利的 70 多名科学家研制成功，其运算速度比普通电子计算机快 1000 多倍。

3．生物计算机（分子计算机）

生物计算机的运算过程就是蛋白质分子与周围物理化学介质的相互作用过程。计算机的转换开关由酶来充当，而程序则在酶合成系统本身和蛋白质的结构中极其明显地表示出来。

蛋白质分子比硅晶片上的电子元件要小得多，彼此相距甚近，生物计算机完成一项运算所需的时间仅为 10μs，比人的思维速度快 100 万倍。DNA 分子计算机具有惊人的存储容量，

1m^3 的 DNA 溶液可存储 1 万亿亿的二进制数据。DNA 计算机消耗的能量非常小，只有电子计算机的十亿分之一。由于生物芯片的原材料是蛋白质分子，因此生物计算机既有自我修复的功能，又可直接与生物活体相连。

4. 纳米计算机

"纳米"是一个计量单位，1nm=10^{-9}m，1nm 大约是氢原子直径的 10 倍。纳米技术从 MEMS（微电子机械系统）起步，把传感器、电动机和各种处理器都放在一个硅芯片上而构成一个系统。应用纳米技术研制的计算机内存芯片，其体积不过数百个原子大小，相当于人的头发丝直径的千分之一。纳米计算机不仅不需要耗费任何能源，而且其性能要比今天的计算机强大许多倍。

1.5.2 云计算

云计算旨在通过网络把多个成本相对较低的计算实体整合成一个具有强大计算能力的完美系统，并借助先进的商业模式让终端用户可以得到这些强大计算能力的服务。如果将计算能力比作发电能力，那么从古老的单机发电模式转向现代电厂集中供电的模式，就好比现在大家将单机计算模式转向云计算模式，而"云"就好比发电厂，具有单机所不能比拟的强大计算能力。同时这也意味着计算能力可以作为一种商品进行流通，就像煤气、水、电一样，取用方便、费用低廉，以至于用户无需自己配备。与电力是通过电网传输不同，计算能力是通过各种有线、无线网络传输的。因此，云计算的一个核心理念就是通过不断提高"云"的处理能力，不断减少用户终端的处理负担，最终使用户终端简化成一个单纯的输入输出设备，并能按需享受"云"强大的计算处理能力。物联网感知层获取大量的数据信息，在经过网络层传输以后，放到一个标准平台上，再利用高性能的云计算对其进行处理，赋予这些数据智能，才能最终转换成对终端用户有用的信息。云计算技术示意图如图 1-16 所示。

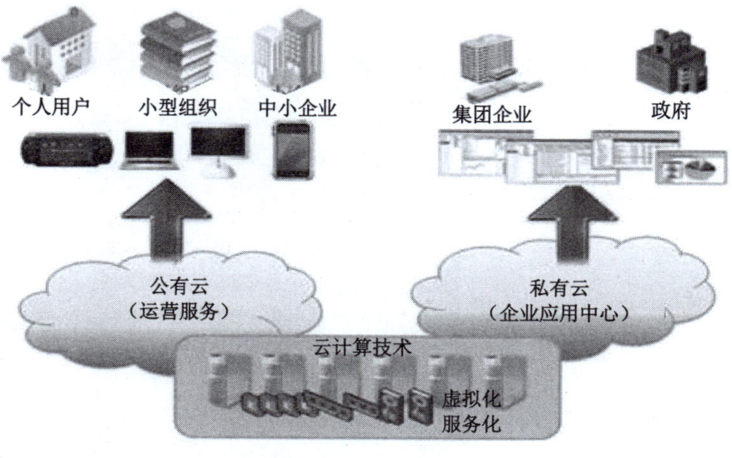

图 1-16　云计算技术示意图

云计算的应用正在迅猛发展。Google、IBM、亚马逊、微软、雅虎、英特尔等 IT 业巨头已经将云计算作为战略制高点，全力投入到云计算争夺战之中。云安全、云杀毒、云存储、内部云、外部云、公共云、混合云、私有云等概念先后出现。美国"互联网和美国人生活研究项目”的一项研究成果显示，约有 70%以上的互联网网络用户在使用云计算服务。2011－2015 年，云计算处于起步或初级阶段，但却是一个快速发展的阶段，到 2020 年已实现标准化、规范化、社会化，即进入成熟的阶段。

云计算的典型案例如下：

（1）贵州公安交警云：“最强大脑”一眼识别套牌车。

（2）阿里云分担 12306 流量压力。

（3）浙江台风网：手机上“追台风”。

（4）百度地图与交通运输部推出首个交通大数据平台“出行云”。

（5）腾讯云助力银汉游戏“云”端迁移。

对云计算的定义有多种说法。广为接受的是美国国家标准与技术研究院（NIST）的定义：云计算是一种按使用量付费的模式，这种模式提供可用的、便捷的、按需的网络访问，进入可配置的计算资源共享池（资源包括网络、服务器、存储、应用软件、服务），这些资源能够被快速提供，只需投入很少的管理工作或与服务供应商进行很少的交互。

1.5.3 大数据

大数据被认为是人工智能的一部分，大数据也被称为“人工智能的基石”。大数据也可称为巨量资料，最早由全球知名的咨询公司麦肯锡给出定义。大数据是指无法在一定时间范围内用常规软件工具进行捕捉、管理和处理的数据集合，是需要通过新的处理模式才能使其具有更强的决策力、洞察发现力和流程优化能力的海量、高增长率和多样化的信息资产。大数据层次结构图如图 1-17 所示。

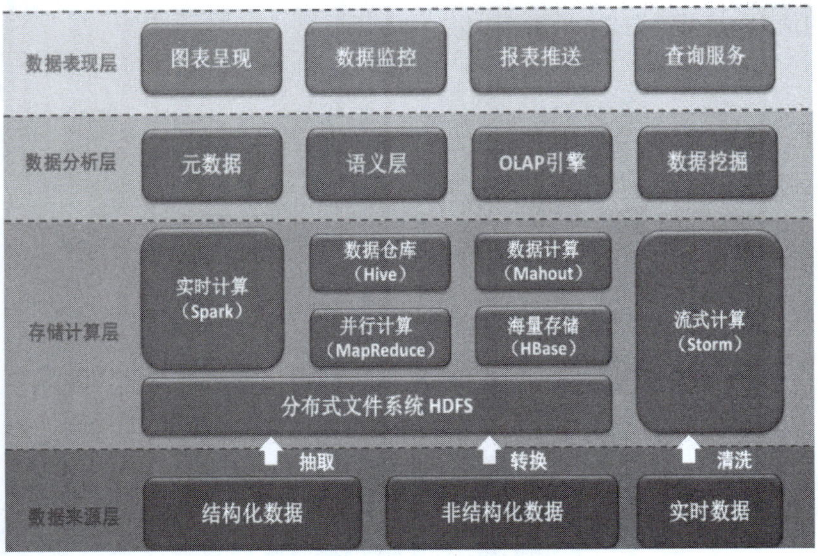

图 1-17 大数据层次结构图

1. 大数据的特点

（1）数据体量巨大。百度资料表明，百度首页导航每天需要提供的数据量超过 1.5PB

（1PB=1024TB），这些数据如果打印出来将使用超过 5 千亿张 A4 纸。

（2）数据类型多样。现在的数据类型不仅是文本形式，更多的是图片、视频、音频、地理位置信息等多类型的数据，个性化数据占绝大多数。

（3）处理速度快。数据处理遵循“1 秒定律”，即可以从各种类型的数据中快速获得高价值的信息。

（4）价值密度低。以视频为例，播放时间需要 1 小时的视频，在不间断的监控过程中，可能有用的数据仅仅只有一两秒。

2. 大数据的作用

（1）对大数据的处理分析正成为新一代信息技术融合应用的结点。移动互联网、物联网、社交网络、数字家庭、电子商务等是新一代信息技术的应用形态，这些应用不断产生大数据。云计算为这些海量、多样化的大数据提供存储和运算平台。通过对不同来源的数据的管理、处理、分析与优化并将结果反馈到上述应用中，将创造出巨大的经济和社会价值。

（2）大数据是信息产业持续高速增长的新引擎。面向大数据市场的新技术、新产品、新服务和新业态会不断涌现。在硬件与集成设备领域，大数据将对芯片、存储产业产生重要影响，还将催生一体化数据存储处理服务器、内存计算等市场。在软件与服务领域，大数据将引发数据快速处理分析、数据挖掘技术和软件产品的发展。

（3）大数据的利用将成为提高核心竞争力的关键因素。各行各业的决策正在从“业务驱动”转变成“数据驱动”。

（4）大数据时代科学研究的方法手段将发生重大改变。随着云时代的来临，大数据也得到越来越多的关注。本质上，云计算与大数据的关系是动与静的关系。云计算强调的是计算，是动的概念；而数据则是计算的对象，是静的概念。如果结合实际应用来看，云计算强调的是计算能力，或者看重的是存储能力；大数据需要拥有处理大量数据的能力，这是强大的计算能力。如果数据是财富，那么大数据就是宝藏，而云计算就是挖掘和利用宝藏的利器。在技术上，大数据与云计算的关系就像一枚硬币的正反面一样密不可分。大数据无法用单台的计算机进行处理，必须采用分布式架构。分布式架构的特点在于对海量数据进行分布式数据挖掘。大数据必须依托云计算的分布式处理、分布式数据库和云存储、虚拟化技术。

据观研网统计，早在 2011 年全球数据总量就已经达到 1.8ZB。1ZB 等于 1 万亿 GB，1.8ZB 相当于 18 亿个 1TB移动硬盘的存储量，而这个数值还在以每两年翻一番的速度增长。

1.5.4 人工智能

人工智能（AI）的定义可以分为两部分，即“人工”和“智能”。

著名的美国斯坦福大学人工智能研究中心尼尔逊教授对人工智能下了这样一个定义：人工智能是关于知识的学科——怎样表示知识以及怎样获得知识并使用知识的科学。美国麻省理工学院的温斯顿教授认为：人工智能就是研究如何使计算机去做过去只有人才能做的智能工作。这些说法反映了人工智能学科的基本思想和基本内容，即人工智能是研究人类智能活动的规律，构造具有一定智能的人工系统，研究如何让计算机去完成以往需要用人的智力才能胜任的工作，也就是研究如何应用计算机的软硬件来模拟人类某些智能行为的基本理论、方法和技术。

1956 年夏季，以麦卡赛、明斯基、罗切斯特和申农等为首的一批有远见卓识的年轻科学家在一起聚会，共同研究和探讨用机器模拟智能的一系列有关问题，并首次提出了“人工智能”这一术语，它标志着“人工智能”这门新兴学科的正式诞生。

从发展的阶段而言，可以按照人工智能的不同层级，将其分为弱人工智能［如 IBM 的 Watson 和 Google（谷歌）的 AlphaGo］、强人工智能（即科幻电影里所想象出的那种人工智能）和超级人工智能（即智能体在所有领域都比最聪明的人类还要聪明得多）。目前而言，超级人工智能还只是存在于电影或小说中的场景而已。

用来研究人工智能的主要物质基础以及能够实现人工智能技术平台的机器就是计算机，人工智能的发展历史是与计算机科学技术的发展史联系在一起的。除了计算机科学以外，人工智能还涉及信息论、控制论、自动化、仿生学、生物学、心理学、数理逻辑、语言学、医学和哲学等多门学科。

人工智能学科研究的主要内容包括：知识表示、自动推理和搜索方法、机器学习和知识获取、知识处理系统、自然语言理解、计算机视觉、智能机器人、自动程序设计等方面。

人工智能的实际应用有机器视觉、指纹识别、人脸识别、视网膜识别、虹膜识别、掌纹识别、专家系统、自动规划、智能搜索、定理证明、博弈、自动程序设计、智能控制、机器人学、语言和图像理解、遗传编程等。人工智能的主要应用领域如图 1-18 所示。

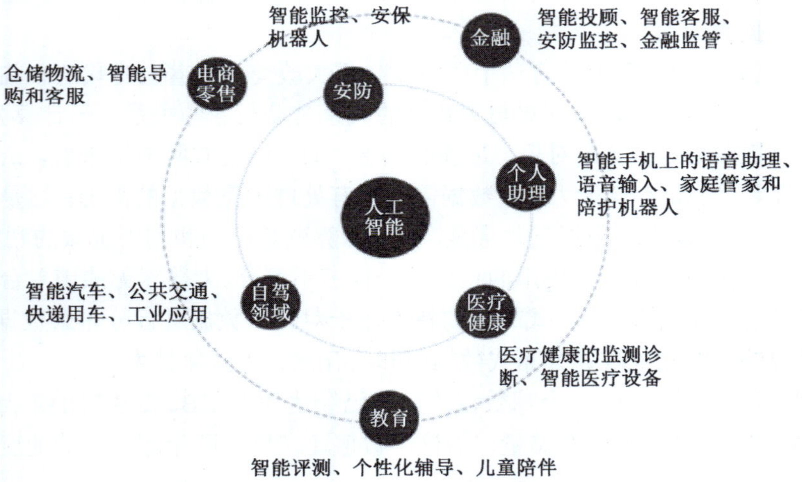

图 1-18　人工智能的主要应用领域

1.5.5　虚拟现实技术

所谓虚拟现实，顾名思义，就是虚拟和现实相互结合。从理论上来讲，虚拟现实技术（VR）是一种可以创建和体验虚拟世界的计算机仿真系统，它利用计算机生成一种模拟环境，使用户沉浸到该环境中。虚拟现实技术就是利用现实生活中的数据，通过计算机技术产生的电子信号，与各种输出设备结合使数据转化为能够让人们感受到的现象，这些现象可以是现实中真真切切的物体，也可以是通过三维模型表现出来的我们肉眼所看不到的物质。因为这些现象通常不是我们直接能看到的，而是通过计算机技术模拟出来的现实中的世界，故称为虚拟现实。虚拟现实技术的发展历程如图 1-19 所示。

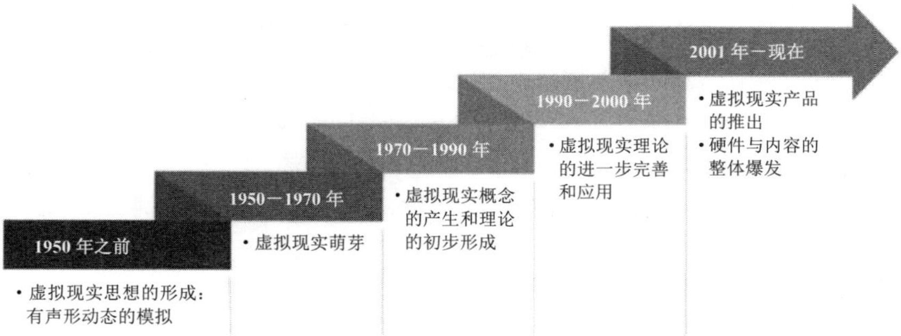

图 1-19　虚拟现实技术的发展历程

虚拟现实技术受到了越来越多人的认可，用户可以在虚拟现实世界体验到最真实的感受，其模拟环境的真实性与现实世界难辨真假，让人有身临其境的感觉；同时，虚拟现实技术可实现一切人类所拥有的感知功能，比如听觉、视觉、触觉、味觉、嗅觉等；最后，它具有超强的仿真系统，可真正实现人机交互，使人在操作过程中，可以随意操作并且得到环境最真实的反馈。正是虚拟现实技术的存在性、多感知性、交互性等特征使它受到了许多人的喜爱。

单元训练题

1．下列的英文缩写和中文名字的对照中，错误的是（　　）。

A．CAD——计算机辅助设计　　B．CAM——计算机辅助制造

C．CIMS——计算机集成管理系统　　D．CAI——计算机辅助

2．“计算机集成制造系统”的英文简写是（　　）。

A．CAD　　B．CAM　　C．CIMS　　D．ERP

3．数码相机里的照片可以利用计算机软件进行处理，计算机的这种应用属于（　　）。

A．实时控制　　B．嵌入式系统

C．辅助设计　　D．图像处理

4．世界上第一台计算机是 1946 年研制成功的，该计算机的英文缩写名为（　　）。

A．MARK-II　　B．ENIAC

C．EDSAC　　D．EDVAC

5．世界上公认的第一台电子计算机诞生的年代是（　　）。

A．20 世纪 30 年代　　B．20 世纪 40 年代

C．20 世纪 80 年代　　D．20 世纪 90 年代

6．世界上公认的第一台电子计算机诞生在（　　）。

A．中国　　B．美国　　C．英国　　D．日本

7．第二代电子计算机的主要元件是（　　）。

A．继电器　　B．晶体管　　C．电子管　　D．集成电路

8．下列不属于计算机特点的是（　）。

A．存储程序控制、工作自动化　　B．具有逻辑推理和判断能力

C．处理速度快、存储量大　　D．不可靠、故障率高

9．计算机技术应用广泛，以下属于科学计算方面的是（　）。

A．图像信息处理　　B．视频信息处理

C．火箭轨道计算　　D．信息检索

10．1946 年首台电子数字计算机 ENIAC 问世，冯・诺依曼在研制 ENIAC 计算机时提出两个重要的改进，它们是（　）。

A．采用二进制和存储程序控制的概念

B．引入 CPU 和内存储器的概念

C．采用机器语言和十六进制数

D．采用 ASCII 编码系统

11．办公室自动化（OA）是计算机的一项应用，按计算机应用的分类，它属于（　）。

A．科学计算　B．辅助设计　C．实时控制　D．信息处理

12．一个 5 位的无符号二进制数能表示的十进制数值范围是（　）。

A．1～32　B．0～31　C．1～31　D．0～32

13．1GB 的准确值是（　）。

A．1024×1024 B　　B．1024 KB

C．1024 MB　　D．1000×1000 KB

14．（　）不是度量存储器容量的单位。

A．KB　B．MB　C．GHz　D．GB

15．十进制数 18 转换成二进制数是（　）。

A．010101　B．101000　C．010010　D．001010

16．下列度量存储器容量的单位中，最大的单位是（　）。

A．KB　B．MB　C．Byte　D．GB

17．在计算机内部用来传送、存储、加工处理的数据或指令所采用的是（　）。

A．十进制码　B．二进制码　C．八进制码　D．十六进制码

18．组成一个字节的二进制位的位数是（　）。

A．1　B．2　C．4　D．8

19．如果删除一个非零无符号二进制数尾部 2 个 0，则此数的值为原数的（　）。

A．4 倍　B．2 倍　C．1/2　D．1/4

20．字长为 7 位的无符号二进制整数能表示的十进制整数的数值范围是（　）。

A．0～128　B．0～255　C．0～127　D．1～127

21．1KB 的准确数值是（　）。

A．1024Bytes　B．1000Bytes　C．1024bits　D．1000bits

22．十进制数 121 转换成无符号二进制整数是（　）。

A．1111001　B．111001　C．1001111　D．100111

23．十进制数 59 转换成无符号二进制整数是（　）。

A．0111101　B．0111011　C．0110101　D．0111111

24．无符号二进制整数 111111 转换成十进制数是（　　）。

A．71　　B．65　　C．63　　D．62

25．下列不能用作存储容量单位的是（　　）。

A．Byte　　B．GB　　C．MIPS　　D．KB

26．一个 6 位的无符号二进制数能表示的十进制数值范围是（　　）。

A．0～64　　B．0～63　　C．1～64　　D．1～63

27．十进制整数 64 转换为二进制整数等于（　　）。

A．1100000　　B．1000000　　C．1000100　　D．1000010

28．20GB 的硬盘表示其容量约为（　　）。

A．20 亿个字节　　B．20 亿个二进制位

C．200 亿个字节　　D．200 亿个二进制位

29．在数制的转换中，下列叙述中正确的一项是（　　）。

A．对于相同的十进制正整数，随着基数 R 的增大，转换结果的位数小于或等于原数据的位数

B．对于相同的十进制正整数，随着基数 R 的增大，转换结果的位数大于或等于原数据的位数

C．不同数值的数字符是各不相同的，没有一个数字符是一样的

D．同一个整数值的二进制数表示的位数一定大于十进制数字的位数

30．声音与视频信息在计算机内的表现形式是（　　）。

A．二进制数字　　B．调制　　C．模拟　　D．模拟或数字

第 2 章　计算机硬件基础

本章要点

- 集成电路的发展与分类
- 计算机硬件的基本组成与各自的功能
- 存储器的功能分类与特点
- CPU 的组成、工作原理、性能指标，计算机的指令与指令系统
- 主板的组成、作用，芯片组、BIOS 以及 CMOS 的作用
- 常用的输入输出设备

2.1　集成电路基础

2.1.1　集成电路的发展

集成电路是将元器件和连线集成于同一半导体芯片上而制成的数字/逻辑电路或系统。电子电路中元器件的发展演变示意如图 2-1 所示。

电子管（1904 年）　　晶体管（1948 年）　　中/小规模集成电路（1950 年）　　大规模/超大规模集成电路（1970 年）

图 2-1　电子电路中元器件的发展演变

集成电路（IC）是 20 世纪 50 年代出现的，它以半导体单晶片作为材料，经平面工艺加工制造，将大量的晶体管、电阻等元器件及互连线构成的电子线路集成在基片上，构成一个微型化的电路系统。现代集成电路使用的半导体材料主要是硅，也可以是化合物半导体，如砷化镓等。

2.1.2　集成电路的分类

1. 根据集成电路所包含的电子元件数目进行分类

现在 PC 机中使用的微处理器、芯片组、图形加速芯片等都是超大规模和极大规模集成电路。根据集成电路所包含的电子元件数目进行的分类见表 2-1。

表 2-1　根据集成电路所包含的电子元件数目进行的分类

集成电路规模	集成度（单个集成电路所含电子元件的数目）
小规模集成电路（SSI）	＜100
中规模集成电路（MSI）	100～3000
大规模集成电路（LSI）	3000～10 万
超大规模集成电路（VLSI）	10～100 万
极大规模集成电路（ULSI）	＞100 万

2. 根据所用晶体管结构、电路和工艺进行分类

（1）双极型（Bipolar）集成电路。双极型集成电路是以通常的 NPN 或 PNP 型双极型晶体管为基础的单片集成电路，是世界上最早制成的集成电路。双极型集成电路主要以硅材料为衬底，在平面工艺的基础上采用埋层工艺和隔离技术，以双极型晶体管为基础元件。

（2）金属-氧化物-半导体（MOS）集成电路。金属-氧化物-半导体集成电路是由金属、氧化物和半导体场效应管组成的集成电路，具有工艺简单、输入阻抗高、集成度高、功耗低等优点，但工作频率低。

（3）双极-金属-氧化物-半导体集成电路（Bi-MOS）等。

3. 根据用途进行分类

根据用途，集成电路可分为通用集成电路和专用集成电路（ASIC）。微处理器和存储器芯片等都属于通用集成电路，而专用集成电路是按照某种应用的特定要求而专门设计、定制的集成电路。

集成电路芯片是微电子技术的结晶，是计算机的核心。

先进的微电子技术可以制造高集成度的芯片，高集成度的芯片应用于计算机时可大大提高计算机的性能，利用这种高性能的计算机进行集成电路的设计、生产过程控制及自动测试，又能制造出性能更高、成本更低的集成电路芯片。

4. 根据集成电路的功能进行分类

根据集成电路的功能，集成电路可分为数字集成电路（如门电路、存储器、微处理器、微控制器、数字信号处理器等）和模拟集成电路，又称为线性电路（如信号放大器、功率放大器等）。

2.1.3　集成电路的发展简史及趋势

集成电路的特点是体积小、重量轻、可靠性高。集成电路的工作速度主要取决于组成逻辑门电路的晶体管的尺寸。晶体管的尺寸越小，其极限工作频率越高，门电路的开关速度就越快。所以从集成电路问世以来，人们就一直在缩小门电路面积上下功夫。芯片上电路元件的线条越细，相同面积的晶片可容纳的晶体管就越多，芯片的功能就越强，速度就越快。随着微米、亚微米量级的微细加工技术的采用和硅抛光片面积的增大，集成电路的规模越来越大。以下是 20 世纪 80 年代到 21 世纪集成电路的发展简史。

1979 年：Intel 推出 5MHz 8088 微处理器，之后，IBM 基于 8088 推出全球第一台 PC。

1981 年：256KB DRAM 和 64KB CMOS SRAM 问世。

1984 年：日本宣布推出 1MB DRAM 和 256KB SRAM。

1985 年：80386 微处理器问世，主频为 20MHz。

1988 年：16MB DRAM 问世，$1cm^2$ 大小的硅片上集成了 3500 万个晶体管，标志着进入

超大规模集成电路（VLSI）阶段。

1989 年：1MB DRAM 进入市场。

1989 年：486 微处理器推出，25MHz，1μm 工艺，后来推出的 50MHz 芯片采用 0.8μm 工艺。

1992 年：64M 位随机存储器问世。

1993 年：66MHz Pentium 推出，采用 0.6μm 工艺。

1995 年：Pentium Pro 推出，133MHz，采用 0.6-0.35μm 工艺。

1997 年：300MHz Pentium Ⅱ 问世，采用 0.25μm 工艺。

1999 年：PentiumⅢ问世，450MHz，采用 0.25μm 工艺，后采用 0.18μm 工艺。

2000 年：1GB RAM 投放市场。

2000 年：Pentium 4 问世，1.5GHz，采用 0.18μm 工艺

2001 年：Intel 宣布采用 0.13μm 工艺。

2003 年：Pentium 4 E 系列推出，采用 90nm 工艺。

2005 年：Intel 酷睿 2 系列上市，采用 65nm 工艺。

2007 年：基于全新 45nm High-K 工艺的 Intel 酷睿 2 E7/E8/E9 上市。

2009 年：Intel 酷睿 i 系列全新推出，创纪录地采用了领先的 32nm 工艺，并且下一代 22 纳米工艺也在研发。

2017 年：酷睿 i9 采用了 14nm 工艺。

2018 年：Intel 冰湖处理器采用了 10nm 工艺。

在纳米尺寸下，纳米结构会表现出一些新的量子现象和效应，人们正在利用这些量子效应研制具有全新功能的量子器件，以便能开发出新的纳米芯片和量子计算机。同时，科研人员正在研究将光作为信息的载体，发展光子学，研制集成光路，或把电子与光子并用，实现光电子集成。

练一练（单选题）

1．现代微型计算机中所采用的电子器件是（　　）。

A．电子管　　B．晶体管

C．小规模集成电路　　D．大规模和超大规模集成电路

2．集成电路（IC）是（　　）出现的，它常以半导体硅单晶片作为材料。

A．20 世纪 40 年代　　B．20 世纪 50 年代　　C．20 世纪 60 年代　　D．20 世纪 70 年代

3．下列（　　）是按集成电路的集成度分类的。

A．数字集成电路　　B．模拟集成电路

C．双极型集成电路　　D．小规模集成电路

4．集成电路的制造工艺复杂，通常需要（　　）道工序。

A．200 多　　B．300 多　　C．400 多　　D．500 多

5．下列说法中，错误的是（　　）。

A．集成电路是微电子技术的核心

B．硅是制造集成电路常用的半导体材料

C．现代集成电路制造技术已经用砷化镓取代了硅

D．微处理器芯片属于超大规模集成电路

2.2 计算机系统的组成

计算机系统由硬件系统和软件系统两部分组成。图 2-2 所示为计算机系统的组成示意。

计算机硬件指的是计算机系统中所有的实际物理装置的总称。例如，键盘、鼠标、机箱、显示器等都是计算机的硬件。计算机硬件的基本功能是通过接收计算机程序的控制指令来实现数据输入、运算、数据输出等一系列操作。硬件是计算机系统的物质基础。

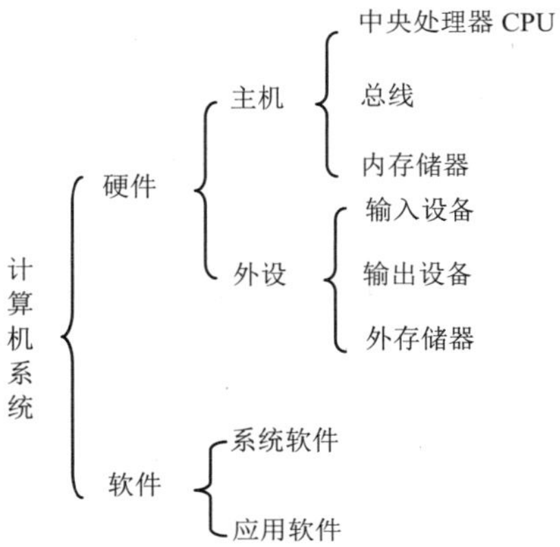

图 2-2 计算机系统的组成

计算机软件是指在计算机中运行的各种程序。软件必须在硬件的支持下才能运行。软件的作用在计算机系统中越来越重要。我们通常把没有软件的计算机称为“裸机”。

2.2.1 计算机硬件结构

虽然计算机的种类很多，制造技术发生了很大的变化，但在基本的硬件结构方面，一直沿袭着冯·诺依曼的体系结构，从功能上都可以划分为 5 个基本组成部分，即输入设备、输出设备、存储器、运算器和控制器。

输入设备的功能是将要加工处理的外部信息转换为计算机能够识别和处理的内部形式，以便于处理；输出设备的功能是将信息从计算机的内部形式转换为使用者所要求的形式，以便能为人们识别或被其他设备所接收；存储器的功能是用来存储以内部形式表示的各种信息；运算器的功能是对数据进行算术运算和逻辑运算；控制器的功能则是产生各种信号，控制计算机各个功能部件协调一致地工作。

运算器和控制器在结构关系上非常密切，它们之间有大量信息频繁地进行交换并共用一些寄存单元，因此将运算器和控制器合称为中央处理器（Central Processing Unit，CPU），将中央处理器和内存储器合称为主机，将输入设备和输出设备称为外部设备。由于外存储器不能直接与 CPU 交换信息，它与主机的连接方式和信息交换方式与输入输出设备相似，因此一般地把它列入外部设备的范畴，外部设备包括输入设备、输出设备和外存储器。从外存储器在整个计算机中的功能来看，它属于存储系统的一部分，故称之外存储器或辅助存储器。

在计算机中，硬件和软件的结合点是计算机的指令系统。计算机的一条指令是计算机硬件可以执行的一步操作。计算机可以执行的指令的全体称为该计算机的指令系统。任何程序，必须转换成该计算机的硬件能够执行的一系列指令才能被执行。

2.2.2 计算机的分类

按照 1989 年 IEEE 科学巨型机委员会提出的运算速度分类法，可将计算机分为巨型机、大型机、小型机、工作站和微型计算机。

按照所处理的数据类型可将计算机分为模拟计算机、数字计算机和混合型计算机等。

1. 巨型机

巨型机有极高的运算速度和极大的存储容量，适用于国防尖端技术、空间技术、大范围长期性天气预报、石油勘探等方面。这类机器的运算速度可达每秒百亿次。这类计算机在技术上朝两个方向发展：一个方向是开发高性能器件，特别是缩短时钟周期，提高单机性能；另一个方向是采用多处理器结构，构成超并行计算机，通常由 100 台以上的处理器组成超并行巨型计算机系统，它们同时解算一个课题，来达到高速运算的目的。

2. 大型机

这类计算机具有极强的综合处理能力和极大的性能覆盖面。在一台大型机中可以使用几十台微机或微机芯片，用以完成特定的操作，且可同时支持上万个用户，可支持几十个大型数据库。大型机主要应用在政府部门、银行、大公司、大企业等。

3. 小型机

小型机具有机器规模小、结构简单、设计试制周期短，便于及时采用先进的工艺技术，软件开发成本低，易于操作维护等优点。它们已广泛应用于工业自动控制、大型分析仪器、测量设备、企业管理等，同时也可以作为大型机与巨型机系统的辅助计算机。近年来，小型机的发展也引人注目。特别是 RISC（Reduced Instruction Set Computer，缩减指令系统计算机）体系结构，顾名思义，RISC 是指令系统简化、缩小了的计算机，而早期的计算机则属于 CISC（Complex Instruction Set Computer，复杂指令系统计算机）。

4. 微型机

微型机技术发展速度迅猛，平均每 2～3 个月就有新产品出现，1～2 年产品就更新换代一次。平均每两年芯片的集成度可提高一倍，性能提高一倍，价格降低一半。

微型机已经应用于办公自动化、数据库管理、图像识别、语音识别、专家系统，多媒体技术等领域，并且已成为每个家庭的必备工具。

练一练（单选题）

1．计算机硬件系统主要包括中央处理器（CPU）、存储器和（　　）。

A．显示器和键盘　　B．打印机和键盘

C．显示器和鼠标器　　D．输入和输出设备

2．组成计算机系统的两大部分是（　　）。

A．硬件系统和软件系统　　B．主机和外部设备

C．系统软件和应用软件　　D．输入设备和输出设备

3．组成微型机主机的部件是（　　）。

A．内存和硬盘　　B．CPU、显示器和键盘

C．CPU 和内存　　D．CPU、内存、硬盘、显示器和键盘

4．计算机之所以能按人们的意图自动进行工作，最直接的原因是采用了（　　）。

A．二进制　　B．高速电子元件

C．程序设计语言　　D．存储程序控制

5．微机硬件系统中最核心的部件是（　　）。

A．内存储器　　B．输入输出设备

C．CPU　　D．硬盘

2.3　存储器系统

2.3.1　存储器概述

存储器（Memory）是计算机系统中的记忆设备，用来存放程序和数据。计算机中的全部信息，包括输入的原始数据、计算机程序、中间运行结果和最终运行结果都保存在存储器中。它根据控制器指定的位置存入和取出信息。有了存储器，计算机才拥有记忆功能，才能正常工作。

1．基本概念

目前主要采用半导体器件和磁性材料构成存储器的存储介质。存储器中最小的存储单位就是一个双稳态半导体电路或一个 CMOS 晶体管或磁性材料的存储元，它可以存储一个二进制代码。由若干个存储元组成一个存储单元，然后再由许多的存储单元组成一个存储器。

通常把计算机主机内部的存储器称为内存储器或主存储器（Main Memory）（简称主存或内存），而主机外部的存储器称为外部存储器或辅助存储器（简称辅存），我们通常所说的存储器实际上是指主存。图 2-3 所示为存储器示意图。主存和辅存是两个独立的系统，主存容量小而速度快，CPU 可直接访问；辅存容量大而速度慢，CPU 不能直接访问。内存、外存、CPU 之间的关系如图 2-4 所示。

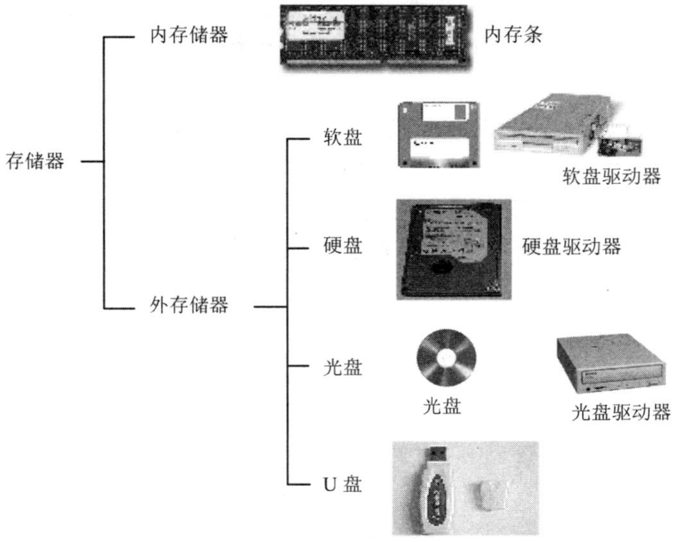

图 2-3　存储器示意图

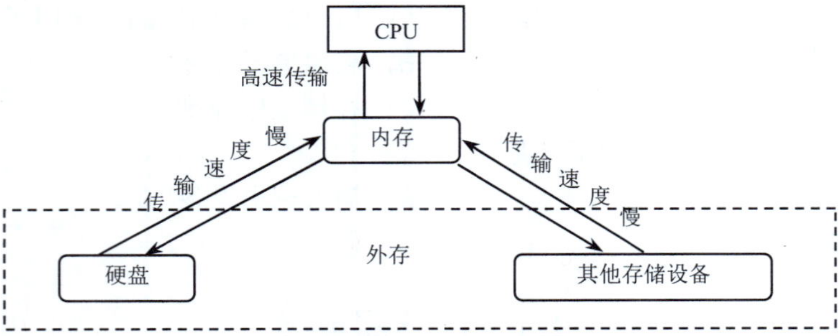

图 2-4 内存、外存与 CPU 的关系图

2. 存储器分类

根据存储材料的性能及使用方法，存储器有各种不同的分类方法。按存储介质可分为半导体存储器和磁表面存储器；按存储方式可分为随机存储器和顺序存储器。任何存储单元的内容都能被随机存储器随机存取，且存取时间和存储单元的物理位置无关；而顺序存储器只能按某种顺序来进行存取，存取时间和存储单元的物理位置有关。

按存储器的读写功能可分为只读存储器（Read Only Memory，ROM）（存储的内容是固定不变的，是只能读出而不能写入的半导体存储器）和随机读写存储器（Random Access Memory，RAM）（是既能读出又能写入的半导体存储器）。按信息的可保存性可分为非永久记忆的存储器（断电后信息即消失的存储器）、永久记忆性存储器（断电后仍能保存信息的存储器）。按在计算机系统中的作用可分为主存储器、辅助存储器、高速缓冲存储器及控制存储器等。

2.3.2 内存储器

1. 基本概念

内存储器是 CPU 工作时访问的数据和程序的临时工作存储器，只用于计算机数据的中转而不能永久保存数据。它的容量和处理速度直接决定了计算机数据传输的快慢，它和 CPU、硬盘一起并称为计算机的三大件。内存的物理实质是一组或多组具备数据输入输出和数据存储功能的集成电路。

主存储器一般由 DRAM 芯片组成，包含有大量的存储单元。存储器的存储容量是指存储器所包含的存储单元的总数，其单位是 MB（$1MB=2^{20}B$）或 GB（$1GB=2^{30}B$）。每个存储单元（一个字节）都有一个地址，CPU 按地址对存储器进行访问。存取时间是指在存储器地址被选定后，存储器读出数据并送到 CPU（或者是把 CPU 数据写入存储器）所需要的时间，单位是 ns（$1ns = 10^{-9}s$）。

2. 内存类型

计算机可使用多种不同类型的内存。与 ROM 不同，RAM 是易失性存储器，也就是说，每次计算机断电时其内容都将被删除。内存具体分类如下：

DRAM：动态内存是用作主内存的内存芯片，必须使用电脉冲不断刷新才能保存芯片中存储的数据。

SRAM：静态内存是可以用作缓存内存的内存芯片，比 DRAM 快，并且不需要频繁刷新，比 DRAM 更加昂贵。

SDRAM：是与内存总线同步运行的 DRAM。

DDR：数据传输速度是 SDRAM 的两倍，即每个时钟周期进行两次数据传输。

DDR2：通过减少信号线之间的噪声和串扰来改善 DDR 的性能。

DDR3：通过加倍 DDR2 的时钟频率来扩展内存带宽，比 DDR2 消耗的电量少，产生的热量也更少。

DDR4：存储容量是 DDR3 的 4 倍，因其使用低电压，所以所需功耗少了 40%，并且具备高级纠错功能。

在计算机中添加更多的内存可提升系统的性能。例如，更多的内存会增加计算机保留和处理程序及文件的内存容量。内存不足时，计算机必须在内存和较慢的硬盘驱动器之间交换数据。可安装的内存的最大数量取决于主板。

2.3.3 外存储器

内存储器虽然工作速度比较快，但是容量不是很大，而且信息不能永久保存。因此，我们需要一种容量大，而且能永久存放数据的存储器——外存储器。

外存储器是 CPU 不能直接访问的存储器，要通过内存与 CPU 及 I/O 设备交换信息，用于长久地存放大量的包括暂不使用的程序和数据。外存储器有磁带、磁盘和光盘等，其中最常用的是磁盘。

存储驱动器（图 2-5）用于在磁性存储介质、光存储介质或半导体存储介质上读取或写入信息。

（a）硬盘驱动器

（b）光驱

（c）固态硬盘

（d）外部闪存驱动器

图 2-5　存储驱动器

以下是存储驱动器的常见类型。

- 硬盘驱动器（HDD）。HDD 是多年来一直使用的传统磁盘设备。其存储容量的范围从数千兆字节（GB）到数兆兆字节（TB）。其速度用每分钟转数（rpm）来表示。该速度表示主轴旋转保存数据的盘片的速度。主轴的速度越快，则硬盘驱动器在盘片上查找数据的速度就越快。常见的硬盘驱动器主轴速度有 5400rpm、7200rpm 和 10000rpm 等。

- 固态驱动器（SSD）。SSD 使用非易失性闪存芯片存储数据。这意味着 SSD 比磁性 HDD 速度更快。其存储容量的范围为数 GB 到数 TB。SSD 无活动部件，因此无噪声。SSD 更节能而且比 HDD 产生的热量更少。SSD 的外形规格与 HDD 相同，而且正逐渐替代磁性 HDD。
- 混合驱动器（SSHD）。混合驱动器也称为固态混合驱动器，性能介于磁性 HDD 和 SSD 之间。混合驱动器的速度比 HDD 快，价格比 SSD 便宜。混合驱动器是带板载 SSD（作为缓存）的磁性 HDD。SSHD 驱动器自动缓存频繁访问的数据。
- 光驱。光驱使用激光读取光介质上的数据。共有 3 种类型的介质，包括光盘（CD）、数字通用磁盘（DVD）和蓝光光盘（BD）。CD、DVD 和 BD 介质可以是预录制（只读）、可录制（写入一次）或可重写（多次读取和写入）。
- 磁带驱动器。磁带驱动器使用磁性的读/写磁头。尽管使用磁带驱动器进行数据检索非常快，但是查找特定数据却很慢（因为磁带是缠绕在转轴上的）。常见的磁带存储容量从几 GB 到数 TB 不等。
- 外部闪存驱动器。外部闪存驱动器是一种外部闪存驱动装置，例如连接到 USB 端口的 USB 拇指驱动器。外部闪存驱动器使用与 SSD 相同的非易失性存储器芯片。它不需要耗电来维护其数据。其存储容量的范围从数 MB 到数 GB。

1. *硬盘存储器*

硬盘存储器主要由硬磁盘、硬盘驱动器和硬盘控制器 3 部分组成。硬盘示意图如图 2-6 所示。

图 2-6 硬盘示意图

硬磁盘又称硬盘（Hard disk），是在金属基片上涂一层磁性材料制成的。一般一块硬盘由 1～5 张盘片（一张盘片也称为单碟）组成。它们都固定在主轴上。所有的磁盘盘片构成一个柱面，如图 2-7 和图 2-8 所示。

磁面（Side）：每张盘片都有上、下两个磁面，从上向下从 0 开始编号，即 0 面、1 面、2

面、3 面、……

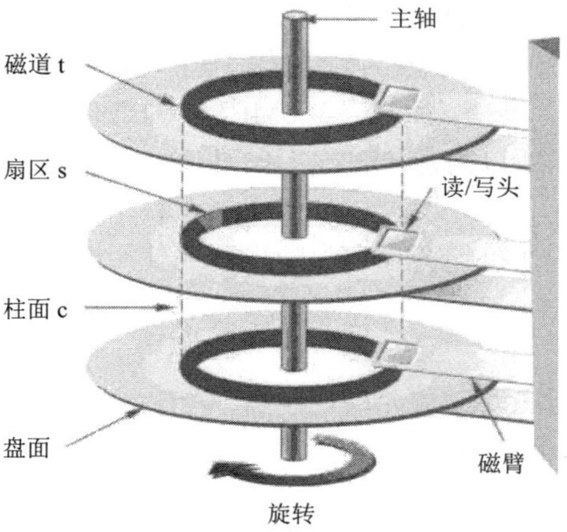

图 2-7　硬盘的逻辑结构

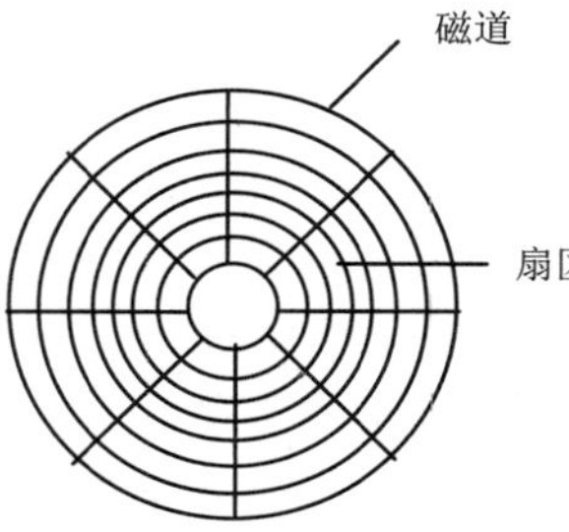

图 2-8　磁盘盘片的扇区和磁道

磁道（Track）：在格式化硬盘时，其盘片会被划分成许多同心圆，这些同心圆轨迹就叫磁道，磁道从外向内从 0 开始顺次编号，即 0 道、1 道、2 道、……

柱面（Cylinder）：所有盘面上的同一编号的磁道构成一个圆柱，称为柱面，每个柱面上从外向内从 0 开始编号，即 0 柱面、1 柱面、2 柱面、……

扇区（Sector）：硬盘的盘片在存储数据时又被逻辑划分为许多扇形的区域，每个区域叫作一个扇区。

硬盘容量=柱面数×扇区数×每扇区字节数×磁头数

微机上使用的硬盘大部分是采用 IBM 公司的温彻斯特技术的硬盘，简称温盘。温彻斯特技术主要包括：①密封的头盘组件，即将磁头、盘组和定位机构等密封在一个盘腔内，后来发展到连主轴电机等全部都装入盘腔，可进行整体更换；②采用小尺寸和小浮力的接触起停式浮动磁头，借以得到超小的头盘间隙（亚微米级），以提高记录密度；③采用具有润滑性能的薄膜磁记录介质；④采用磁性流体密封技术，可防止尘埃、油、气侵入盘腔，从而保持盘腔的高度净化；⑤采用集成度高的前置放大器，与可换式磁盘相比，大幅度提高了记录密度，提高了磁盘机的可靠性，使其进一步小型化。

硬盘的盘组与驱动器组装在一个固定的密封容器中，能够防尘并调节温湿度。硬盘驱动器的磁头不像软盘驱动器那样直接与盘面接触，而是利用硬盘高速旋转（比软盘转速高许多）产生的“气垫”悬浮在距盘面 0.2μm 的距离，因此不易划伤盘面，磁头损耗也大大降低。

由于硬盘上的数据读写速度与机械运动有关，因此读写速度很慢，跟不上内存的数据存取节奏。为此，硬盘通过将数据暂时存放在一个比其速度快很多的缓冲区中来提高它与主机交换数据的速度，这个缓冲区就是硬盘的高速缓冲区（Cache）。它是由 DRAM 芯片构成的。

（1）硬盘的主要性能指标有如下几个。

1）存储容量。大部分硬盘的存储容量以千兆字节（GB）为单位。

2）转速。转速也就是硬盘内部主轴马达的转动速度。台式机硬盘的转速主要有两种：5400rpm 和 7200rpm。

3）动作时间。所谓硬盘的动作时间，主要包括平均寻道时间、平均访问时间、道至道时间、最大寻道时间和平均等待时间等几种。

4）Cache 容量（单位为 KB 或 MB）。理论上讲 Cache 是越快越好、越大越好。

5）数据传输速率（单位 MB/s）。硬盘的数据传输速率分为外部传输速率和内部传输速率。外部传输速率指主机与硬盘之间读写数据的速度，一般为 100～300MB/s。内部传输速率指硬盘在盘片上读写数据的速度，大多小于 100MB/s，所以内部传输速率的高低才是评价一个硬盘性能的决定性因素。

（2）硬盘的使用和日常维护很重要，方法不当可能会导致故障出现或使用寿命缩短，殃及用户存储的信息。使用硬盘时应注意以下几点。

1）正在对硬盘读写时不能关掉电源。

2）保持使用环境的清洁卫生，注意防尘；控制环境温度，防止高温、潮湿和磁场的影响。

3）防止硬盘受震动。

4）及时对硬盘进行整理，包括目录的整理、文件的清理、磁盘碎片整理等。

5）防止计算机病毒对硬盘的破坏，对硬盘定期进行病毒检测。

常见的硬盘品牌：希捷、迈拓、西部数据、三星等。

2. 光盘存储器

光盘存储器是一种采用光存储技术存储信息的存储器，采用聚焦激光束在盘式介质上非接触地记录高密度信息，以介质材料的光学性质（如反射率、偏振方向）的变化来表示所存储信息的 1 或 0。由于光盘存储器具有容量大、价格低、携带方便及交换性好等特点，它已成为计算机中一种重要的辅助存储器，也是现代多媒体计算机（MPC）不可或缺的存储设备。

（1）CD-ROM 存储器。从外观上看，CD-ROM 驱动器主要由以下几个部分构成：光盘托盘（用于放置光盘）；耳机插孔（接耳机，听 CD 音乐）；音量旋钮（调节耳机音量大小）；工作指示灯；紧急出盒孔（紧急情况下停电，通过该孔可以弹出光盘托盘）；播放/跳道按钮（播放 CD 音乐光盘时用）；打开/关闭/停止按钮（打开或关闭托盘等）。

CD-ROM 驱动器内部组成包括 3 个部分：CD-ROM 光盘旋转装置（小型电机）、光头控制系统（包括激光发射器、检测器、反射棱镜、光头控制电路等）和信号处理电路。CD-ROM 结构示意图如图 2-9 所示。

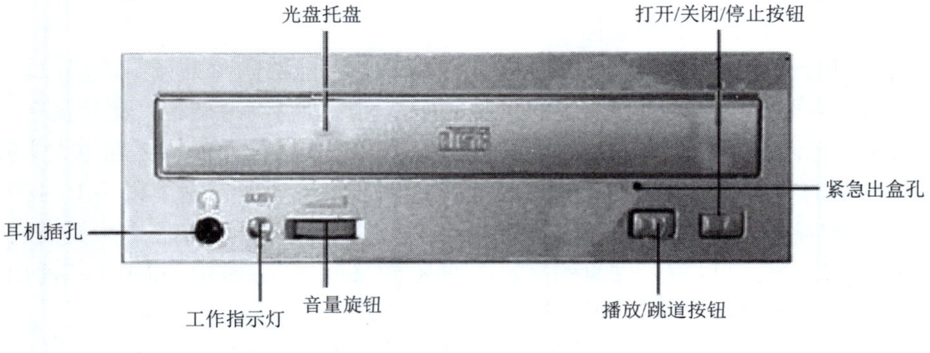

图 2-9　CD-ROM 结构示意图

CD-ROM 与磁盘在数据记录方式上有所不同。磁盘是由一个个同心圆的磁道组成，而

CD-ROM 是在整个盘面上只有一条螺旋式轨道，由靠近中心处开始，逐圈向外旋转直到盘的外沿，靠外的扇区与靠内的扇区具有相同的长度，按同样大小的段分组的信息均匀分布在整个盘上。

（2）CD-R/RW。

1）CD-R 的工作原理：利用大功率激光束的热效应使激光束焦点照射的盘区处产生不可逆变的物理化学变化，形成具有与 CD-ROM 光盘片凹坑（沟）相同光学反射特性的信息凹坑，凹坑与平面交错表示 0 或 1，光驱读取这些平面和凹坑时自动将之转换为 0 或 1；这种热效应产生的变化（凹坑变化）是一次性的，一旦形成凹坑就不能再恢复到原来的状态，所以 CD-R 只支持一次写入，不能重复写入。

2）CD-RW 的工作原理与 CD-R 的原理相类似，都是采用“相变”技术，即利用激光束的热效应使盘片发生变化，不同之处在于，CD-RW 进行了相位转换。CD-RW 的盘片上镀的是特殊的相变材料，主要分为银、铟、硒和碲等稀有金属。它有两种状态：结晶和非结晶，等同于 CD-R 盘片的平面和凹坑。

（3）DVD 光盘存储器。DVD 的英文全称是 Digital Video Disk，即数字视频光盘。DVD 不仅可以用来存储视频数据，还可以用来存储其他类型的数据。因此，DVD 又为 Digital Versatile Disk，即数字通用盘，是一种能够保存视频、音频和计算机数据的容量更大、运行速度更快的采用了 MPEG2 压缩标准的光盘。

DVD 采用了类似 CD-ROM 的技术，但是可以提供更高的存储容量。从表面来看，DVD 盘片与 CD-ROM 盘片很相似，其直径为 80mm 或 120mm，厚度为 1.2mm，但实质上，两者之间有本质的差别。相对于 CD-ROM 光盘 650MB 的存储容量，DVD 光盘的存储容量可以高达 17GB。另外，在读盘速度方面，CD-ROM 的单倍速传输速度是 150KB/s，而 DVD 的单倍速传输速度是 1358KB/s。

CD-ROM 盘的道间距为 1.6μm，而 DVD 盘的道间距为 0.74μm；CD-ROM 盘的最小凹坑长度为 0.83μm，而 DVD 盘的最小凹坑长度为 0.4μm。DVD 盘片的道密度和凹坑密度都远高于 CD-ROM 盘片。单从这两方面的改进，就使 DVD 的单片单层容量提高到 CD-ROM 的 7 倍多，可达 4.7GB。

DVD 盘片分为单面单层、单面双层、双面单层和双面双层 4 种物理结构。因此，可以将 DVD 盘片分为 4 种规格，分别是 DVD-5、DVD-9、DVD-10 和 DVD-18，它们的容量见表 2-2。

表 2-2　DVD 盘片规格及其容量

盘片类型	直径/cm	面数及层数	容量/GB
DVD-5	12	单面单层	4.7
DVD-9	12	单面双层	8.5
DVD-10	12	双面单层	9.4
DVD-18	12	双面双层	17

练一练（单选题）

1．下列叙述中，错误的是（　　）。

A．硬盘在主机箱内，它是主机的组成部分

B．硬盘属于外部存储器

C．硬盘驱动器既可作输入设备又可作输出设备

D．硬盘与 CPU 之间不能直接交换数据

2．当电源关闭后，下列关于存储器的说法中，正确的是（　　）。

A．存储在 RAM 中的数据不会丢失　　B．存储在 ROM 中的数据不会丢失

C．存储在 U 盘中的数据会全部丢失　　D．存储在硬盘中的数据会丢失

3．下面关于随机存取存储器（RAM）的叙述中，正确的是（　　）。

A．存储在 SRAM 或 DRAM 中的数据在断电后将全部丢失且无法恢复

B．SRAM 的集成度比 DRAM 高

C．DRAM 的存取速度比 SRAM 快

D．DRAM 常用来作 Cache

4．计算机内存中用于存储信息的部件是（　　）。

A．U 盘　　B．只读存储器　　C．硬盘　　D．RAM

5．在下列叙述中，错误的是（　　）。

A．硬磁盘可以与 CPU 之间直接交换数据

B．硬磁盘在主机箱内，可以存放大量文件

C．硬磁盘是外存储器之一

D．硬磁盘的技术指标之一是每分钟的转速 rpm

6．与 U 盘相比，移动硬盘最大的优势是（　　）。

A．容量大　　B．速度快　　C．安全性高　　D．兼容性好

7．在硬磁盘读写寻址过程中，（　　）。

A．盘片静止，磁头沿圆周方向旋转　　B．盘片旋转，磁头静止

C．盘片旋转，磁头沿盘片径向运动　　D．盘片与磁头都静止不动

8．10GB 的硬盘表示其存储容量为（　　）。

A．一万个字节　　B．一千万个字节

C．一亿个字节　　D．一百亿个字节

9．下列叙述中，错误的是（　　）。

A．内存储器一般由 ROM 和 RAM 组成

B．RAM 中存储的数据一旦断电就全部丢失

C．CPU 不能直接访问内存储器

D．存储在 ROM 中的数据断电后也不会丢失

10．除硬盘容量大小外，下列也属于硬盘技术指标的是（　　）。

A．转速　　B．平均访问时间

C．传输速率　　D．全部

11．Cache 的中文译名是（　　）。

A．缓冲器　　B．只读存储器

C．高速缓冲存储器　　D．可编程只读存储器

12．下列关于磁道的说法中，正确的是（　　）。

A．盘面上的磁道是一组同心圆

B．由于每一磁道的周长不同，所以每一磁道的存储容量也不同

C．盘面上的磁道是一条阿基米德螺线

D．磁道的编号是最内圈为 0，并次序由内向外逐渐增大，最外圈的编号最大

13．在计算机中，每个存储单元都有一个连续的编号，此编号为（　　）。

A．地址　　B．位置号　　C．门牌号　　D．房号

14．DVD-ROM 属于（　　）。

A．大容量可读可写外存储器　　B．大容量只读外部存储器

C．CPU 可直接存取的存储器　　D．只读内存储器

15．把内存中数据传送到计算机的硬盘上去的操作称为（　　）。

A．显示　　B．写盘　　C．输入　　D．读盘

2.4　CPU 的结构与原理

2.4.1　CPU 的结构

CPU 是计算机系统的核心部件，控制着整个计算机系统的工作，主要用来进行分析、判断、运算工作并控制计算机各个部件协调工作。

CPU 的内部结构可分为寄存器组、运算器和控制器三大部分。如图 2-10 所示为 CPU 内部结构示意图。CPU 的工作就像一个工厂对产品的加工过程：进入工厂的原料（指令）经过物资分配部门（控制单元）的调度分配被送往生产线（逻辑运算单元），生产出成品（处理后的数据）后将其存储在仓库（存储器）中，最后拿到市场上去卖（交由应用程序使用）。

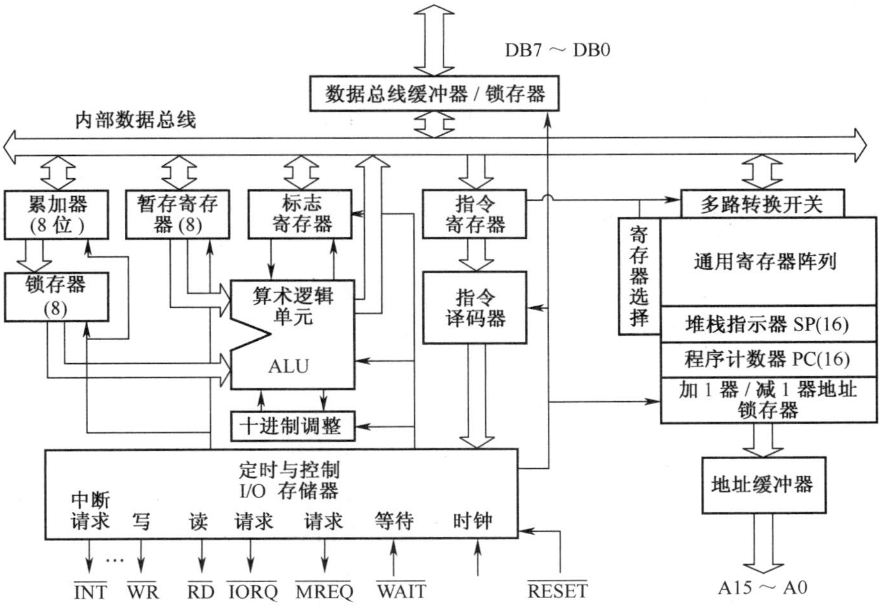

图 2-10　CPU 内部结构示意图

1. 寄存器组

寄存器用于临时存放参加运算的数据和运算的中间结果，包括通用寄存器、专用寄存器和控制寄存器。通用寄存器又可分定点数和浮点数两类寄存器，它们用来保存指令中的寄存器操作数和操作结果。通用寄存器是中央处理器的重要组成部分，大多数指令都要访问通用寄存器。通用寄存器的宽度决定了计算机内部的数据通路宽度，其端口数目往往可影响内部操作的并行性。专用寄存器是执行一些特殊操作所需用的寄存器。控制寄存器通常用来指示机器执行的状态或者保持某些指针，有处理状态寄存器、地址转换目录的基地址寄存器、特权状态寄存器、条件码寄存器、处理异常事故寄存器以及检错寄存器等。

2. 运算器

运算器用来对数据进行加、减、乘、除等各种运算。它可以执行定点或浮点的算术运算操作、移位操作以及逻辑操作，也可执行地址的运算和转换。其中用于算术运算的逻辑部件我们称之 ALU。

3. 控制器

控制部件主要负责对指令译码，并且发出为完成每条指令所要执行的各个操作的控制信号。控制器由指令计数器和指令寄存器两部分组成。其结构有两种：一种是以微存储为核心的微程序控制方式；另一种是以逻辑硬布线结构为主的控制方式。微存储中保持微码，每一个微码对应于一个最基本的微操作，又称微指令；各条指令由不同序列的微码组成，这种微码序列构成微程序。中央处理器在对指令译码以后，即发出一定时序的控制信号，按给定序列的顺序以微周期为节拍执行由这些微码确定的若干个微操作，即可完成某条指令的执行。简单指令是由 3～5 个微操作组成的，复杂指令则要由几十个微操作甚至几百个微操作组成。逻辑硬布线控制器则完全是由随机逻辑组成。指令译码后，控制器通过不同的逻辑门的组合发出不同序列的控制时序信号，直接去执行一条指令中的各个操作。

在 CPU 的主要部件之外，还有一个对其性能有很大影响的结构，即缓存。通常在 CPU 内部会集成一级缓存，一级缓存的运行速度和 CPU 相同（频率相同），容量较小，使用高性能的静态存储器（SRAM）。二级缓存有集成在 CPU 芯片内的，也有集成在 CPU 芯片外的，容量比一级缓存大很多，但是二级缓存的运行频率有可能是 CPU 频率的一半。通过两个层次速度的缓存，降低了在高速的 CPU 与低速的内存及其他设备之间的速度匹配导致的性能损失。缓存的容量和速度都与计算机的性能有很大关系，但是由于其造价太高，设计时会采取一个折中的方案。而且缓存对系统的性能影响还与其采用的算法以及 CPU 对缓存的依赖性有关，综合价格因素，在购买时还是按需购买为好（从以往历史来看，Intel 的 CPU 对缓存的依赖性比 AMD 的要大一些）。

大型、小型和微型计算机的中央处理器的规模和功能实现方式很不相同，工作速度也变化较大。中央处理器可以由几个电路块甚至由整个机架组成。如果中央处理器的电路集成在一片或少数几片大规模集成电路芯片上，则称为微处理器。中央处理器的工作速度与工作主频和体系结构都有关系。中央处理器的速度一般都在几个 MIPS（每秒执行 100 万条指令）以上，有的已经达到几百 MIPS，速度最快的中央处理器的电路已采用砷化镓工艺。在提高速度方面，流水线结构是几乎所有现代中央处理器设计中都已采用的重要措施。未来中央处理器工作频率的提高已逐渐受到物理上的限制，而内部执行性（指利用中央处理器内部的硬件资源）的进一步改进是提高中央处理器工作速度而维持软件兼容的一个重要方法。

2.4.2 指令与指令系统

如上所述，计算机完成某个任务必须运行相应的程序。计算机的内部程序是由一连串的指令组成的，指令是程序的基本单位，采用二进制表示，用来规定计算机该执行什么操作。

1. 指令

计算机的指令格式与机器的字长、存储器的容量及指令的功能都有很大的关系。从便于程序设计、增加基本操作并行性、提高指令功能的角度来看，指令中应包含多种信息。但在有些指令中，由于部分信息可能无用，这将浪费指令所占的存储空间，并增加访存次数，也许反而会影响速度。因此，如何合理、科学地设计指令格式，使指令既能给出足够的信息，又使其长度尽可能地与机器的字长相匹配，以节省存储空间，缩短取指时间，提高机器的性能，这是指令格式设计中的一个重要问题。

计算机是通过执行指令来处理各种数据的。为了指出数据的来源、操作结果的去向及所执行的操作，一条指令必须包含下列信息。

（1）操作码。它具体说明了操作的性质及功能。一台计算机可能有几十条至几百条指令，每一条指令都有一个相应的操作码，计算机通过识别该操作码来完成不同的操作。

（2）操作数的地址。CPU 通过该地址就可以取得所需的操作数。

（3）操作结果的存储地址。把对操作数的处理所产生的结果保存在该地址中，以便再次使用。

（4）下条指令的地址。执行程序时，大多数指令按顺序被依次从主存中取出执行，只有在遇到转移指令时，程序的执行顺序才会改变。为了压缩指令的长度，可以用一个程序计数器（Program Counter，PC）存放指令地址，每执行一条指令，PC 的指令地址就自动加 1（设该指令只占一个主存单元），指出将要执行的下一条指令的地址，当遇到执行转移指令时，则用转移地址修改 PC 的内容。由于使用了 PC，指令中就不必明显地给出下一条将要执行指令的地址。

一条指令实际上包括两种信息，即操作码和地址码（操作数地址），指令的格式如图 2-11 所示。操作码（Operation Code，OC）用来表示该指令所要完成的操作（如加、减、乘、除、数据传送等），其长度取决于指令系统中的指令条数；地址码用来描述该指令的操作对象，它或者直接给出操作数，或者指出操作数的存储器地址或寄存器地址（即寄存器名）。

操作码	地址码

图 2-11 指令的格式

一条指令就是机器语言的一个语句，是一组有意义的二进制代码。指令的基本格式：操作码字段 | 地址码字段。其中操作码指明了指令的操作性质及功能，地址码则给出了操作数或操作数的地址。

各计算机公司设计生产的计算机，其指令的数量与功能、指令格式、寻址方式、数据格式都有差别，即使是一些常用的基本指令，如算术逻辑运算指令、转移指令等也是各不相同的。因此，尽管各种型号计算机的高级语言基本相同，但将高级语言程序（例如 FORTRAN 语言程序）编译成机器语言后，其差别也是很大的。因此，将用机器语言表示的程序移植到其他机器上去几乎是不可能的。从计算机的发展过程已经看到，由于构成计算机的基本硬件发展迅速，计算机的更新换代是很快的，这就存在软件如何跟上硬件发展的问题。一台新机器推出交付使用时，仅有少量系统软件（如操作系统等）可提交给用户，大量软件是需要不断充实的，尤其是应用程序，有相当一部分是用户在使用机器时不断增加的，这就是所谓第三方提供的软件。为了缓解新机器的推出与原有应用程序的继续使用之间的矛盾，1964 年在设计 IBM 360 计算机时所采用的系列机思想较好地解决了这一问题。从此以后，各个计算机公司生产的同一系列的计算机尽管其硬件实现方法不同，但指令系统、数据格式、I/O 系统等保持相同，因而软件完全兼容。在此基础上，产生了兼容机。当研制该系列计算机的新型号或高档产品时，尽管指令系统可以有较大的扩充，但仍保留了原来的全部指令，保持软件向上兼容的特点，即低档机或旧机型上的软件不加修改即可在比它高档的新机器上运行，以保护用户在软件上的投资。

2. 指令系统

一台计算机所能执行的各种指令的集合称为指令系统或指令集。一台特定的计算机只能执行自己指令系统中的指令。因此，指令系统就是计算机的机器语言。指令系统表征着计算机的基本功能和使用属性，它是计算机系统设计中的核心问题。指令系统的设计主要包括指令功能、操作类型、寻址方式和指令格式的设计。

指令系统的设置又与机器的硬件结构密切相关。指令是计算机执行某种操作的命令，而指令系统是一台计算机中所有机器指令的集合。通常性能较好的计算机都设置有功能齐全、通用性强、指令丰富的指令系统，而指令功能的实现需要复杂的硬件结构来支持。

2.4.3 CPU 的性能指标及增强

CPU 是整个微机系统的核心，它往往是各种档次微机的代名词。CPU 的性能大致上反映出微机的性能，因此它的性能指标十分重要。

CPU 主要的性能指标有以下几个。

（1）主频。CPU 的主频又称 CPU 时钟频率，即 CPU 正常工作时在一个单位周期内完成的指令数多少。

（2）外频。外频指数字脉冲信号每秒钟震荡的次数，是衡量 PCI 及其他总线频率的一个重要指标。

（3）倍频。倍频表示主频与外频之间的倍数，其公式为主频=外频×倍频。

（4）字长。CPU 的位和字长。在数字电路和计算机技术中采用二进制，代码只有 0 和 1，无论是 0 还是 1，在 CPU 中都是 1“位”。计算机技术中对 CPU 在单位时间内（同一时间）能一次处理的二进制数的位数叫字长。所以在单位时间内能处理 8 位数据的 CPU 通常就叫 8 位的 CPU。同理，32 位的 CPU 能在单位时间内处理 32 位的二进制数据。字节和字长的区别：由于常用的英文字符用 8 位二进制就可以表示，所以通常就将 8 位称为 1 个字节。字长的长度是不固定的，对于不同的 CPU，字长的长度也不一样。8 位的 CPU 一次只能处理 1 个字节，而 32 位的 CPU 一次就能处理 4 个字节，同理字长为 64 位的 CPU 一次可以处理 8 个字节。

（5）缓存。缓存大小也是 CPU 的重要指标之一，而且缓存的结构和大小对 CPU 速度的影响非常大。CPU 内缓存的运行频率极高，一般是和处理器同频运作，工作效率远远大于系统内存和硬盘。在实际工作时，CPU 往往需要重复读取同样的数据块，而缓存容量的增大可以大幅度地提升 CPU 内部读取数据的命中率，而不用再到内存或者硬盘上进行寻找，以此提高系统性能。但是出于对 CPU 芯片面积和成本方面的因素考虑，缓存都很小。

各个 CPU 制造商都使用增强性能的方式来完善其 CPU。例如，Intel 采用超线程技术来增强部分 CPU 的性能。借助超线程技术，多个代码片段（线程）同时在 CPU 中执行。对于操作系统而言，当有多个线程正在处理时，具备超线程技术的单个 CPU 就像两个 CPU 一样运行。AMD 处理器使用超传输技术来提升 CPU 性能。超传输指 CPU 和北桥芯片之间的高速连接。

CPU 的功能通过其处理数据的速度和数量来衡量。CPU 的速度为每秒周期数，例如每秒数百万个周期［称为兆赫（MHz）］或每秒数十亿个周期［称为千兆赫（GHz）］。CPU 一次可处理的数据量取决于前端总线（FSB）的大小。FSB 也称为 CPU 总线或处理器数据总线。FSB 越宽，则实现的性能越高。FSB 的宽度以位为单位，位是计算机中的最小数据单位。当今的处理器使用 32 位或 64 位 FSB。

超频是可以使处理器的工作速度比其初始规格更快的一种技术。但超频不是一种提高计算机性能的建议方式，它可能导致 CPU 损坏。与超频相对的是 CPU 降频。CPU 降频是一种处理器以低于额定速度运行时使用的技术，以达到节能或减少热量产生的目的。CPU 降频通常用于笔记本电脑和其他移动设备。

最新的处理器技术已促使 CPU 制造商寻求将多个 CPU 核心集成到单个芯片中的方法。多核处理器指在同一个集成电路中有两个或多个处理器。

将多个处理器集成到同一芯片上可实现处理器之间的快速连接。多核处理器比单核处理器执行指令的速度更快，指令可同时分配给所有处理器。因为多个核心位于同一芯片上，内存可在处理器之间共享。建议多核处理器用于视频编辑、游戏、照片处理等应用。与多个单核处理器相比，多核处理器节省电力且产生热量较少，从而可提高性能和效率。

CPU 的性能也通过 NX 位（也称为执行禁用位）的使用得以提升。若操作系统支持并启用该功能，可以保护包含操作系统文件的内存区域免受恶意软件的攻击。

练一练（单选题）

1．组成计算机指令的两部分是（　　）。

A．数据和字符　　B．操作码和地址码

C．运算符和运算　　D．运算符和运算结果

2．计算机主要技术指标通常指（　　）。

A．所配备的系统软件的版本

B．CPU 的时钟频率、运算速度、字长和存储容量

C．扫描仪的分辨率、打印机的配置

D．硬盘容量的大小

3．配置 Cache 是为了解决（　　）。

A．内存与外存之间速度不匹配问题　B．CPU 与外存之间速度不匹配问题

C．CPU 与内存之间速度不匹配问题　D．主机与外部设备之间速度不匹配问题

4．CPU 中，除了内部总线和必要的寄存器外，主要的两大部件分别是运算器和（　　）。

A．控制器　　B．存储器　　C．Cache　　D．编辑器

5．计算机有多种技术指标，其中主频是指（　　）。

A．内存的时钟频率　　B．CPU 内核工作的时钟频率

C．系统时钟频率，也叫外频　　D．总线频率

6．运算器（ALU）的功能是（　　）。

A．只能进行逻辑运算　　B．对数据进行算术运算或逻辑运算

C．只能进行算术运算　　D．进行初等函数的计算

7．用 MIPS 衡量的计算机性能指标是（　　）。

A．处理能力　　B．存储容量　　C．可靠性　　D．运算速度

8．计算机技术中，英文缩写 CPU 的中文译名是（　　）。

A．控制器　　B．运算器

C．中央处理器　　D．寄存器

9．字长是 CPU 的主要技术性能指标之一，它表示的是（　　）。

A．CPU 的计算结果的有效数字长度　　B．CPU 一次能处理二进制数据的位数

C．CPU 表示的最大的有效数字位数　　D．CPU 表示的十进制整数的位数

10．下列度量单位中，用来度量 CPU 时钟主频的是（　　）。

A．MB/s　　B．MIPS　　C．GHz　　D．MB

11．“32 位微机”中的 32 位指的是（　　）。

A．微机型号　　B．内存容量　　C．存储单位　　D．机器字长

12．ALU 的中文名称是（　　）。

A．控制器　　B．不间断电源

C．算术逻辑部件　　D．中央处理器

13．在计算机指令中，规定其所执行操作功能的部分称为（　　）。

A．地址码　　B．源操作数　　C．操作数　　D．操作码

14．计算机中，负责指挥计算机各部分自动协调一致地进行工作的部件是（　　）。

A．运算器　　B．控制器　　C．存储器　　D．总线

15．计算机的主频指的是（　　）。

A．软盘读写速度，用 Hz 表示　　B．显示器输出速度，用 MHz 表示

C．时钟频率，用 MHz 表示　　D．硬盘读写速度

2.5　主板

前面我们已经学习了存储器和 CPU，也知道它们之间可以进行数据的传输。这时候大家难免会有这样一个疑问：这些设备是如何安装在我们的计算机中的呢？它们又是如何传输数据的呢？本节我们主要解决以上问题。

2.5.1　主板的基本概述

主板也称为系统板或主机板，是计算机的中枢。主板是一块包含总线（或电气通路）的印刷电路板（PCB），与电子元件互相连接，如图 2-12 所示。这些元件可直接焊接到主板上或使用插座、扩展槽和端口进行添加。

图 2-12　主板结构图

（1）下面是主板上的一些计算机组件。

- 中央处理单元（CPU），被视为计算机的大脑。
- 随机访问内存（RAM），是存储数据和应用的临时存储位置。
- 扩展槽，连接附加组件的位置。
- 芯片组，由主板上的集成电路组成，可控制系统硬件与 CPU 和主板交互的方式，还确定能够添加到主板的内存数量以及主板上的接口类型。
- 基本输入/输出系统（BIOS）芯片和统一可扩展固件接口（UEFI）芯片。BIOS 用于帮助启动计算机和管理硬盘驱动器、显卡、键盘、鼠标等设备之间的数据流。最近，BIOS 已通过 UEFI 得以增强。UEFI 指定用于启动和运行时服务的不同软件接口，但仍然依赖传统 BIOS 进行系统配置、加电自检（POST）和设置。

（2）大多数芯片组包括以下两种类型。

- 北桥芯片，控制到内存和显卡的高速访问，还控制 CPU 与计算机中所有其他组件通信的速度。显示功能有时已集成在北桥芯片中。
- 南桥芯片，可使 CPU 与速度较慢的设备［包括硬盘驱动器、通用串行总线（USB）端口和扩展槽］进行通信。

（3）主板的外形规格涉及主板的大小和形状，还描述主板上的不同组件和设备的物理布局。主板已发展为多种类型。有 3 种常见的主板外形规格：

- ATX 结构，这是最常见的主板外形规格。ATX 机箱适合于标准 ATX 主板上的集成 I/O 端口。ATX 电源通过单个 20 引脚接头连接到主板。
- Micro-ATX 结构，这是一个较小的外形规格，设计为与 ATX 向后兼容。Micro-ATX 主板通常使用与全尺寸 ATX 主板相同的北桥芯片组和南桥芯片组以及电源插头。因此，可使用许多相同的组件。一般而言，Micro-ATX 主板适合用于标准 ATX 机箱。Micro-ATX 主板比 ATX 主板小很多，而且扩展槽比 ATX 主板少。
- ITX 结构，由于 ITX 主板非常小巧，其外形规格大受欢迎。ITX 主板有许多的类型，Mini-ITX 是最受欢迎的一种。Mini-ITX 耗电量小，因此不需要使用风扇进行散热。Mini-ITX 主板只具有一个用于扩展卡的 PCI 插槽。使用 Mini-ITX 外形规格的计算机可用于不便放置较大规格计算机的地方。

注意：区分这些外形规格非常重要。主板外形规格的选择决定了各个组件与其连接的方式、所需的电源类型以及计算机机箱的形状。一些制造商还拥有基于 ATX 设计的专有外形规格，这会使某些主板、电源和其他组件与标准 ATX 机箱不兼容。

2.5.2 芯片组

芯片组（Chipset）是构成主板电路的核心。它把以前复杂的电路和元件最大限度地集成在几颗芯片内，是南桥芯片和北桥芯片的统称。南桥芯片和北桥芯片分别如图 2-13 和图 2-14 所示。一定意义上讲，芯片组决定了主板的级别和档次。如果说中央处理器（CPU）是整个计算机系统的大脑，那么芯片组将是整个身体的心脏。在电脑界称设计芯片组的厂家为 Core Logic，Core 的中文意思是核心或中心，光从字面的意思就足以看出其重要性。对于主板而言，芯片组几乎决定了这块主板的功能，进而影响到整个计算机系统性能的发挥，芯片组是主板的灵魂。芯片组性能的优劣决定了主板性能的优劣与级别的高低，这是因为 CPU 的型号与种类繁多、功能特点不一，如果芯片组不能与 CPU 良好地协同工作，将严重地影响计算机的整体性能甚至使它不能正常工作。

图 2-13 南桥芯片

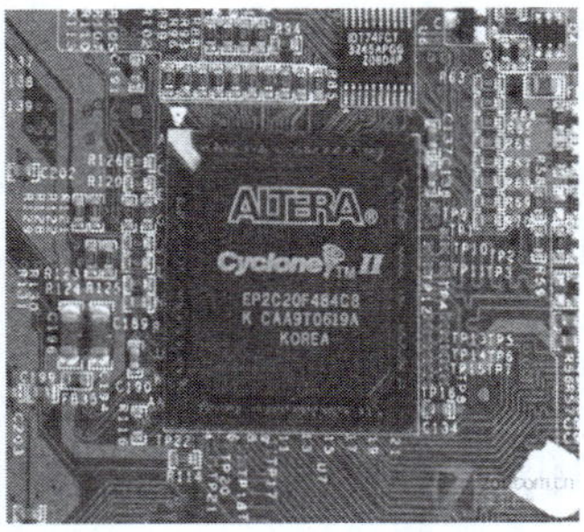

图 2-14 北桥芯片

主板芯片组几乎决定着主板的全部功能，其中 CPU 的类型，主板的系统总线频率，内存类型、容量和性能，显卡插槽规格是由芯片组中的北桥芯片决定的；而扩展槽的种类与数量、扩展接口的类型和数量（如 USB 2.0/1.1、IEEE1394、串口、并口、笔记本的 VGA 输出接口）等，是由芯片组的南桥芯片决定的；还有些芯片组由于纳入了 3D 加速显示（集成显示芯片）、AC'97 声音解码等功能，还决定着计算机系统的显示性能和音频播放性能等。

下面对市场上的三种主要芯片组（台式机芯片组、笔记本芯片组、服务器/工作站芯片组）进行简介。

台式机芯片组要求有强大的性能，良好的兼容性、互换性和扩展性，对性价比要求也最高，并适度考虑用户在一定时间内的可升级性，扩展能力在三者中最高。在最早期的笔记本设计中并没有单独的笔记本芯片组，均采用与台式机相同的芯片组。随着技术的发展及笔记本专用 CPU 的出现，就有了与之配套的笔记本专用芯片组。笔记本芯片组要求具有较低的能耗、良好的稳定性的特点，但其综合性能和扩展能力在三者中却是最低的。服务器/工作站芯片组的综合性能和稳定性在三者中最高，部分产品甚至要求全年满负荷工作，在支持的内存容量方面也是三者中最高，能支持高达十几 GB 甚至几十 GB 的内存容量，而且其对数据传输速度和数据安全性要求也是最高的，所以其存储设备也多采用 SCSI 接口而非 IDE 接口，而且大多通过采用 RAID 方式提高性能和保证数据的安全性。

2.5.3 CMOS 与 BIOS

在主板上有两块特别有用的集成电路：一块是可读写的 RAM 芯片 CMOS，另一块是 ROM 芯片 BIOS。

1. CMOS

CMOS（本意是互补金属氧化物半导体，是一种大规模应用于集成电路芯片制造的原料）是微机主板上的一块可读写的 RAM 芯片，主要用来保存当前系统的硬件配置和操作人员对某些参数的设定。图 2-15 所示是 CMOS 的设置界面。CMOS RAM 芯片由系统通过一块后备电池供电，因此在关机状态下其内的信息也不会丢失。由于 CMOS RAM 芯片本身只是一块存储器，只具有保存数据的功能，所以对 CMOS 中各项参数的设定要通过专门的程序。早期的 CMOS 设置程序驻留在软盘上（如 IBM 的 PC/AT 机型），使用很不方便。现在多数厂家将 CMOS 设置程序做到了 BIOS 芯片中，在开机时通过按下某个特定键就可进入 CMOS 设置程序，进而可非常方便地对系统进行设置，因此这种 CMOS 设置通常又被叫作 BIOS 设置。

2. BIOS

BIOS（Basic Input-Output System）实际上就是微机的基本输入输出系统，其内容集成在微机主板上的一个 ROM 芯片上，主要保存着有关微机系统最重要的基本输入输出程序、系统信息设置、开机上电自检程序和系统启动自举程序等。PC 机中的 BIOS 芯片如图 2-16 所示。

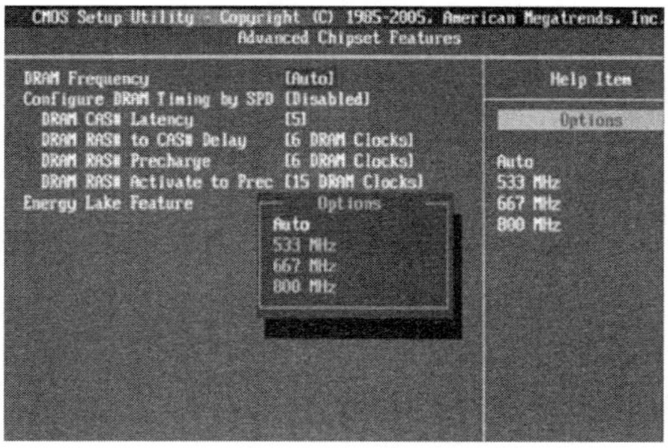

图 2-15　CMOS 的设置界面

图 2-16　PC 机中的 BIOS 芯片

BIOS 功能主要包括以下方面：

（1）BIOS 中断服务程序。该程序即微机系统中软件与硬件之间的一个可编程接口，主要用于在程序软件功能与微机硬件之间实现衔接。操作系统对软盘、硬盘、光驱、键盘、显示器等外围设备的管理都是直接建立在 BIOS 系统中断服务程序的基础上，操作人员也可以通过访问 INT5、INT13 等中断点而直接调用 BIOS 中断服务程序。

（2）BIOS 系统设置程序。前面讲到微机部件配置记录是放在一块可读写的 CMOS RAM 芯片中的，主要保存着系统基本情况，CPU 特性、软硬盘驱动器、显示器、键盘等部件的信息。在 BIOS ROM 芯片中装有“系统设置程序”，主要用来设置 CMOS RAM 中的各项参数。在开机时按下某个特定键即可执行该程序进入设置状态，该程序提供了良好的界面供操作人员使用。这个设置 CMOS 参数的过程习惯上也称为“BIOS 设置”。

（3）POST 上电自检程序。微机接通电源后，系统首先由 POST（Power On Self Test，上电自检）程序来对内部各个设备进行检查。通常完整的 POST 自检将对 CPU、640KB 基本内存、1MB 以上的扩展内存、ROM、主板、CMOS 存储器、串并口、显示卡、软硬盘子系统及键盘进行测试，一旦在自检中发现问题，系统将给出提示信息或鸣笛警告。

（4）BIOS 系统启动自举程序。系统在完成 POST 自检后，ROM BIOS 就会首先按照系统 CMOS 设置中保存的启动顺序搜寻软硬盘驱动器、CD-ROM 或网络服务器等有效地启动驱动器，读入操作系统引导记录，然后将系统控制权交给引导记录，并由引导记录来完成系统的顺利启动。

从上面的论述大家不难看出 BIOS 和 CMOS 的区别与联系：BIOS 是主板上的一块 EPROM 或 E^2PROM 芯片，里面装有系统的重要信息和设置系统参数的设置程序（BIOS 设置程序）；CMOS 是主板上的一块可读写的 RAM 芯片，里面装的是关于系统配置的具体参数，其内容可通过设置程序进行读写。CMOS RAM 芯片靠后备电池供电，即使系统断电后信息也不会丢失。BIOS 与 CMOS 既相关又不同：BIOS 中的系统设置程序是完成 CMOS 参数设置的手段；CMOS RAM 是 BIOS 设定系统参数的存放场所。

2.5.4 总线与 I/O 接口

通过前面的讲解，我们已经知道硬件设备是通过主板组装在一起，再通过芯片组协调进行通信，但是要实现通信还缺少一个重要的环节——信道。总线为我们解决了这个问题。

1. 总线

所谓总线（Bus），一般指通过分时复用的方式，将信息从一个或多个源部件传送到一个或多个目的部件的一组传输线，是计算机中传输数据的公共通道。

总线的工作原理是总线空闲（其他器件都以高阻态形式连接在总线上），当一个器件要与目的器件通信时，发起通信的器件驱动总线，发出地址和数据，其他以高阻态形式连接在总线上的器件如果收到（或能够收到）与自己相符的地址信息，即接收总线上的数据。发送器件完成通信，则将总线让出（输出变为高阻态）。

按照功能划分，大体上可以分为地址总线和数据总线。有的系统中，数据总线和地址总线是复用的，即总线在某些时刻出现的信号表示数据而另一些时刻表示地址；而有的系统数据总线和地址总线是分开的。51 系列单片机的地址总线和数据总线是复用的，而一般 PC 中的总线则是分开的。

系统总线包含有 3 种不同功能的总线，即数据总线 DB（Data Bus）、地址总线 AB（Address Bus）和控制总线 CB（Control Bus）。

数据总线 DB 用于传送数据信息。数据总线是双向三态形式的总线，即它既可以把 CPU 的数据传送到存储器或 I/O 接口等其他部件，又可以将其他部件的数据传送到 CPU。数据总线的位数是微型计算机的一个重要指标，通常与微处理的字长相一致。例如 Intel 8086 微处理器字长 16 位，其数据总线宽度也是 16 位。需要指出的是，数据的含义是广义的，它可以是真正的数据，也可以是指令代码或状态信息，有时甚至是一个控制信息。因此，在实际工作中，数据总线上传送的并不一定仅仅是真正意义上的数据。

地址总线 AB 是专门用来传送地址的，由于地址只能从 CPU 传向外部存储器或 I/O 端口，所以地址总线总是单向三态的，这与数据总线不同。地址总线的位数决定了 CPU 可直接寻址的内存空间大小，比如 8 位微机的地址总线为 16 位，则其最大可寻址空间为 2^{16}=64KB，16 位微型机的地址总线为 20 位，其可寻址空间为 2^{20}=1MB。一般来说，若地址总线为 n 位，则可寻址空间为 2^n 字节。

控制总线 CB 用来传送控制信号和时序信号。控制信号中，有的是微处理器送往存储器和 I/O 接口电路的，如读/写信号、片选信号、中断响应信号等；有的是其他部件反馈给 CPU 的，如中断申请信号、复位信号、总线请求信号、限备就绪信号等。因此，控制总线的传送方向由具体控制信号而定，一般是双向的。控制总线的位数要根据系统的实际控制需要而定。实际上控制总线的具体情况主要取决于 CPU，按照传输数据的方式划分，可以分为串行总线和并行总线。串行总线中，二进制数据逐位通过一根数据线发送到目的器件；并行总线的数据线通常超过两根。常见的串行总线有 SPI、I^2C、USB 及 RS-232 等。

2. I/O 接口

I/O 接口本身是一个电子电路（以 IC 芯片或接口板形式出现），由若干专用寄存器和相应的控制逻辑电路构成。它是 CPU 和 I/O 设备之间交换信息的媒介和桥梁。图 2-17 和图 2-18 所示分别是 I/O 接口示意图和微机中常用的 I/O 接口。

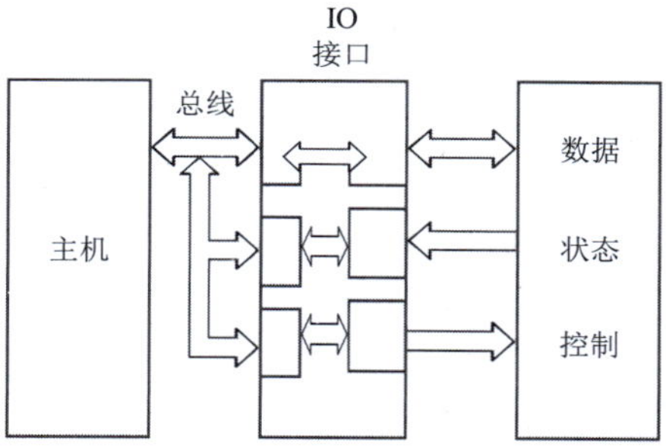

图 2-17　I/O 接口示意图

图 2-18　微机中的 I/O 接口

I/O 接口的基本功能如下：

- 进行端口地址译码设备选择。
- 向 CPU 提供 I/O 设备的状态信息和进行命令译码。
- 进行定时和相应时序控制。
- 对传送数据提供缓冲，以消除计算机与外设在“定时”或数据处理速度上的差异。
- 提供计算机与外设间有关信息格式的相容性变换。
- 以中断方式实现 CPU 与外设之间信息的交换。

I/O 接口有很多种类型。从数据传输方式来看，有串行和并行之分。目前广泛使用的 USB 接口就是串行的。

USB 是英文 Universal Serial BUS 的缩写，中文含义是“通用串行总线”。它不是一种新的总线标准，而是已经应用在 PC 领域的接口技术。USB 是在 1994 年底由 Intel、Compaq、IBM、Microsoft 等多家公司联合提出的。不过直到近些年，它才得到广泛地应用。从 1994 年 11 月 11 日发表了 USB 0.7 版本以后，USB 版本经历了多年的发展，已经成为目前计算机中的标准扩展接口。USB 用一个 4 针插头作为标准插头，采用菊花链形式可以把所有的外设连接起来，最多可以连接 127 个外部设备，并且不会损失带宽。USB 需要主机硬件、操作系统和外设 3 个方面的支持才能工作。主板一般都采用支持 USB 功能的控制芯片组，主板上也安装有 USB 接口插座，而且除了背板的插座之外，主板上还预留有 USB 插针，可以通过连线接到机箱前面作为前置 USB 接口以方便使用（注意，在接线时要仔细阅读主板说明书并按图连接，避免接错而使设备损坏）。USB 接口还可以通过专门的 USB 连机线实现双机互连，并可以通过 Hub 扩展出更多的接口。USB 具有传输速度快（USB 1.1 是 12Mb/s，USB 2.0 是 480Mb/s，USB 3.0 是 5Gb/s，USB 3.1 是 10Gb/s）、使用方便、支持热插拔、连接灵活、独立供电等优点，可以连接鼠标、键盘、打印机、扫描仪、摄像头、闪存盘、MP3、手机、数码相机、移动硬盘、外置光驱、软驱、USB 网卡、ADSL Modem、Cable Modem 等几乎所有的外部设备。

USB 自从推出后，已成功替代串口和并口，成为当今个人电脑和大量智能设备的必配接口之一。

练一练（单选题）

1．计算机的系统总线是计算机各部件间传递信息的公共通道，它分（　　）。

A．数据总线和控制总线　　B．地址总线和数据总线

C．数据总线、控制总线和地址总线　　D．地址总线和控制总线

2．下面关于 USB 的叙述中，错误的是（　　）。

A．USB 接口的尺寸比并行接口大得多

B．USB 2.0 的数据传输率大大高于 USB 1.1

C．USB 具有热插拔与即插即用的功能

D．在 Windows XP 系统中，使用 USB 接口连接的外部设备（如移动硬盘、U 盘等）不需要驱动程序

3．下面是 PC 机常用的 4 种外设接口，不能用于连接键盘的是（　　）接口。

A．RS-232　　B．A/T　　C．USB　　D．P/S

4．UPS 的中文译名是（　　）。

A．稳压电源　　B．不间断电源　　C．高能电源　　D．调压电源

5．计算机主要技术指标通常指（　　）。

A．所配备的系统软件的版本

B．CPU 的时钟频率、运算速度、字长和存储容量

C．扫描仪的分辨率、打印机的配置

D．硬盘容量的大小

6．PC 机的主板又称为母板，（　　）不是安装在主板上的。

A．CPU 插座　　B．内存插槽　　C．I/O 设备接口　　D．IDE 接口

2.6　常用的输入输出设备

计算机要实现数据的输入并将其呈现给用户，输入输出设备是必不可少的。输入输出设备是将信息输入计算机或将计算机处理的信息记录下来并输出的设备。

2.6.1 输入设备

输入设备用于向计算机输入命令、数据、文本、声音、图像、视频等信息，是计算机必不可少的组成部分。常用的输入设备有键盘、鼠标、笔输入设备、扫描仪和数码相机等。

1. 键盘

键盘是最常用也是最主要的输入设备，通过键盘，可以将英文字母、数字、标点符号等输入到计算机中，从而向计算机发出命令、输入数据等。PC XT/AT 时代的键盘主要以 83 键为主，现在使用的键盘大多是 104 键键盘。它是新兴多媒体键盘，在传统的键盘基础上又增加了一些常用快捷键或音量调节装置，使 PC 操作进一步简化，对于收发电子邮件、打开浏览器软件、启动多媒体播放器等操作都只需要按一个特殊按键即可，同时，在外形上也进行了重大改善，着重体现了键盘的个性化。起初这类键盘多用于品牌机，如 HP、联想等品牌机都率先采用了这类键盘，受到广泛的好评，并曾一度被视为品牌机的特色。随着时间的推移，渐渐地市场上也出现独立的、具有各种快捷功能的、单独出售的产品，这类产品带有专用的驱动程序和设定软件，在兼容机上也能实现个性化的操作。

现在使用的键盘大多是电容式键盘。它是基于电容式开关的键盘，其工作原理是，通过按键改变电极间的距离产生电容量的变化，暂时形成振荡脉冲允许通过的条件。理论上这种开关是无触点非接触式的，磨损率极小甚至可以忽略不计，也没有接触不良的隐患，具有噪声小、容易控制手感等优点，便于制造出高质量的键盘，但工艺较机械结构较复杂。

键盘的接口有 AT 接口、PS/2 接口和 USB 接口。而较老的主板常常提供 AT 接口，也被称为“大口”，现在已经几乎不使用了。USB 作为新型的接口，大部分生产键盘的公司都推出了 USB 接口的键盘。

2. 鼠标

“鼠标”的标准称呼应该是“鼠标器”，英文名为“Mouse”。鼠标的使用代替了部分烦琐的键盘指令，使计算机的操作更加简便。

鼠标按其工作原理和结构的不同可以分为机械鼠标和光电鼠标。机械鼠标主要由滚球、辊柱和光栅信号传感器组成。当拖动鼠标时，滚球转动带动辊柱转动，装在辊柱端部的光栅信号传感器产生的光电脉冲信号反映出鼠标器在垂直和水平方向的位移变化，再通过计算机程序的处理和转换来控制屏幕上光标箭头的移动。机械鼠标现在已经不怎么使用了，取而代之的是光电鼠标器。光电鼠标器通过检测鼠标器的位移，将位移信号转换为电脉冲信号，再通过程序的处理和转换来控制屏幕上鼠标箭头的移动。光电鼠标用光电传感器代替了滚球。

鼠标一般有 3 种接口，分别是 RS-232 串口、PS/2 口和 USB 口。现在的鼠标大多采用 USB 接口。

3. 笔输入设备

笔输入设备是一种特殊的输入设备，其作用和键盘类似，当然，基本上只局限于输入文字或者绘画，也带有一些鼠标的功能。最常用的笔输入设备是手写板。手写板一般使用一只专门的笔或者用手指在特定的区域内书写文字。手写板通过各种方法将笔或者手指走过的轨迹记录下来，然后识别为文字。对于不喜欢使用键盘或者不习惯使用中文输入法的人来说，它是非常有用的，因为它不需要学习输入法。手写板还可以用于精确制图，例如可用于电路设计、CAD 设计、图形设计、自由绘画以及文本和数据的输入等。

手写板有的集成在键盘上，有的是单独使用。单独使用的手写板一般使用 USB 口或者串口。手写板种类很多，有兼具手写输入汉字和光标定位功能的，也有专用于屏幕光标精确定位以完成各种绘图功能的。手写板在价格上的差异也很大，从上百元到几千元都有。

4. 扫描仪

扫描仪是一种计算机外部仪器设备，是捕获图像并将之转换成计算机可以显示、编辑、存储和输出的信息的数字化输入设备。照片、文本页面、图纸、美术图画、照相底片、菲林软片，甚至纺织品、标牌面板、印制板样品等三维对象都可作为扫描对象，扫描仪可将原始的线条、图形、文字、照片、平面实物转换成可以编辑及存储的文件。

扫描仪可分为两大类型，滚筒式扫描仪和平板扫描仪。现在在家庭和办公自动化领域用得比较广泛的是平板扫描仪。图 2-19 所示就是平板扫描仪。平板扫描仪使用的是光电耦合器件 CCD（Charged-Coupled Device），故其扫描的密度范围较小。CCD 是一长条状的感光元器件，在扫描过程中用来将图像反射过来的光波转化为数字信号，平板扫描仪使用的 CCD 大都是具有日光灯线性阵列的彩色图像感光器。

图 2-19　平板扫描仪

平板扫描仪的工作原理如下所述。平面扫描仪获取图像的方式是先将光线照射到要扫描的材料上，光线反射回来后由 CCD 光敏元件接收并实现光电转换。当扫描不透明的材料如照片、打印文本以及标牌、面板、印制板等实物时，由于材料上黑的区域反射较少的光线，亮的区域反射较多的光线，而 CCD 器件可以检测图像上不同光线反射回来的不同强度的光，并将反射光波转换成为数字信息，用 0 和 1 的组合表示，最后由控制扫描仪操作的扫描仪软件读入这些数据，并重组为计算机图像文件。而当扫描透明材料如制版菲林软片、照相底片时，扫描的工作原理相同，不同的是此时不是利用光线的反射，而是让光线透过材料，再由 CCD 器件接收，扫描透明材料时扫描仪需要特别的光源补偿，因此用透射适配器（TMA）装置来完成这一功能。

扫描仪的性能指标包括以下几个。

（1）分辨率。分辨率是扫描仪最主要的技术指标，它表示扫描仪对图像细节上的表现能力，即决定了扫描仪所记录图像的细致度，其单位为 DPI（Dots Per Inch），意为每英寸长度上扫描图像所含有像素点的个数。

（2）灰度级。灰度级表示图像的亮度层次范围，级数越多扫描仪图像亮度范围越大、层次越丰富。256 级灰阶足以真实呈现比肉眼所能辨识出来的层次还多的灰阶层次。

（3）色彩数。色彩数表示彩色扫描仪所能产生颜色的范围，通常用表示每个像素点颜色的数据位数即比特位（bit）表示，越多的比特位数可以表现越复杂的图像信息。

（4）扫描速度。扫描速度有多种表示方法，因为扫描速度与分辨率、内存容量、软盘存取速度，以及显示时间、图像大小有关，通常用指定的分辨率和图像尺寸下的扫描时间来表示。

5. 数码相机

数码相机是一种利用电子传感器把光学影像转换成电子数据的照相机。与普通照相机在胶卷上靠溴化银的化学变化来记录图像的原理不同，数码相机的传感器使用的是一种电荷耦合器件（CCD）或互补金属氧化物半导体（CMOS）。图像在传输到计算机以前，通常会先存储在数码存储设备中（通常是闪存）。数码相机的工作原理与扫描仪类似。家庭用的像素在200～300万的数码相机大多采用CMOS成像芯片。

图 2-20　家用数码相机

2.6.2　输出设备

输出设备（Output Device）是计算机与人交互的部件，用于数据的输出。它把各种计算结果（数据）或信息以数字、字符、图像、声音等形式表示出来。常见的有显示器、打印机等。

1. 显示器

显示器是计算机必备的输出设备，其作用是将数字信号转换为光信号，使文字与图像在屏幕上显示出来。

计算机显示器通常由两部分组成：显示器和显示控制器。显示器是一个独立的设备。显示控制器在微机中通常做成扩充卡的形式，所以也叫作显示卡（简称显卡）。有些微机的主板芯片组已包含有显示功能（含有集成显卡），这样做节省了成本，也节省了一个插槽，但不便于显卡的更新，同时也会降低主板的处理速度。

（1）显示器的分类。计算机使用的显示器主要有两类：阴极射线管显示器（CRT显示器）和液晶显示器（LCD），分别如图2-21和图2-22所示。

图 2-21　CRT 显示器

图 2-22　液晶显示器

阴极射线管显示器可分为字符显示器和图形显示器。字符显示器只能显示字符，不能显示图形，一般只有两种颜色。图形显示器不仅可以显示字符，而且可以显示图形和图像。图形是指工程图，即由点、线、面、体组成的图形；图像是指景物图。不论图形还是图像在显示器上都是由像素（光点）所组成。显示器屏幕上的光点是由阴极电子枪发射的电子束打击荧光粉薄膜而产生的。彩色显示器的显像管的屏幕内侧是由红、绿、蓝三色磷光点构成的小三角形（像素）发光薄膜。由于接收的电子束强弱不同，像素的三原色发光强弱就不同，就可以产生一个不同亮度和颜色的像素。电子束从左向右、从上而下地逐行扫描荧光屏，每扫描一遍，就显示一屏，称为刷新一次，只要两次刷新的时间间隔少于 0.01s，则人眼在屏幕上看到的就是一个稳定的画面。根据显像管种类的不同，CRT 显示器可分为球面显示器和纯平显示器。从最早的绿显、单显到 14 英寸显示器，基本上都是球面屏幕的产品，它的缺陷非常明显，在水平和垂直方向上都是弯曲的。边角失真现象严重，随着观察角度的改变，图像会发生倾斜，此外这种屏幕非常容易引起光线的反射，这样会降低对比度，对人眼的刺激较大，这种显示器退出市场只是早晚的事。显示器的纯平化无疑是 CRT 彩显发展的主题。自 1998 年开始，三星、SONY、LG 等公司就先后推出了真正平面的显像管，但直到 1999 年才成为显示器发展的重头戏。这种显像管在水平和垂直方向上均实现了真正的平面，使人眼在观看时的聚焦范围增大，失真反光都被减少到了最低限度，因此画面看起来更加逼真舒服。

液晶显示器的优点：工作电压低、功耗小、不闪烁，适于大规模集成电路驱动，机身薄、占地小、辐射少，易于实现大画面显示和全色显示，给人以一种健康产品的形象，已广泛应用于计算机、数码相机、数码摄像机和电视机。缺点是色彩不够鲜艳，如果在商店里看到显示的效果不错，可能是因为那个场合有足够的灯光。液晶显示屏主要的光源是通过反射外来光源，所以在光源欠佳的地方，色彩就没那么鲜艳了。还有就是相对于阴极射线管显示器而言，液晶显示器价格较贵。

显示器的两个重要技术指标是：屏幕上光点的多少，即像素的多少，也就是分辨率的大小；光点亮度的深浅变化层次，即灰度级别，可以用颜色来表示。分辨率和灰度的级别是衡量图像质量的标准。

（2）显示器的分辨率。显示器的分辨率是指可再现图像细节的级别。分辨率越高，显示的影像质量越高。

显示器的分辨率涉及以下几种因素。

- 像素。像素是图像元素的简称，是组成屏幕的微小圆点。每个像素由红色、绿色和蓝色（RGB）组成。
- 点距。点距是屏幕上像素之间的距离。点距越小，生成的图像质量越好。
- 对比度。对比度指最亮点（白色）与最暗点（黑色）之间光强的差异。与对比度 1,000,000:1 相比，对比度 10,000:1 显示的白色更暗、黑色更浅。
- 刷新率。刷新率以赫兹（Hz）表示，指每秒成像的频率。刷新率越高，生成的图像质量越好。
- 帧率。帧率指视频源能够将整个新数据的帧传输到显示器的频率。显示器的刷新率（以 Hz 为单位）直接等于该显示器的最大每秒帧数（FPS）。例如，刷新率为 144Hz 的显示器所显示的最大每秒帧数为 144。
- 隔行/逐行。隔行显示器通过将屏幕扫描两次来生成图像。第一次扫描奇数行（自上而下），第二次扫描偶数行。逐行显示器通过将屏幕每行扫描一次（自上而下）来生成图像。

- 水平分辨率、垂直分辨率和色彩分辨率。一行中的像素数量即水平分辨率；屏幕中的行数即垂直分辨率；可再现的颜色数量即色彩分辨率。
- 宽高比。宽高比是显示器可视区的水平尺寸与垂直尺寸的比率。例如，QSXGA 水平测量出 2560 个像素，垂直测量出 2048 个像素，则其宽高比为 5:4。如可视区宽 16 英寸，高 12 英寸，则其宽高比为 4:3。24 英寸宽、18 英寸高的可视区的宽高比也是 4:3。
- 原生分辨率。原生分辨率即显示器具备的像素数量。分辨率为 1280×1024 的显示器拥有 1280 个水平像素和 1024 个垂直像素。

（3）显示器的常见设置。显示器具有调整图像质量的控件。显示器的常见设置如下所列。

- 亮度：图像强度。
- 对比度：明暗比。
- 定位：图像在屏幕上的垂直和水平位置。
- 重置：将显示器设置返回到出厂设置。

添加多台显示器可提高工作效率。添加的显示器可使您扩大工作桌面的尺寸或便于复制桌面，以便您能够查看更多打开的窗口。许多计算机具有针对多台显示器的内置支持。

2. 打印机

打印机是计算机的输出设备之一，用于将计算机处理结果打印在相关介质上。

打印机的种类很多，按打印元件对纸是否有击打动作，分为击打式打印机与非击打式打印机；按打印字符结构，分为全形字打印机和点阵字符打印机；按一行字在纸上形成的方式，分为串式打印机与行式打印机；按打印机所采用的技术，分为喷墨式、热敏式、激光式、静电式、磁式以及发光二极管式等打印机。

使用较广泛的打印机有针式打印机、喷墨打印机和激光打印机，如图 2-23 所示。

（a）针式打印机　　（b）喷墨打印机　　（c）激光打印机

图 2-23　3 种常用的打印机

（1）针式打印机在打印机历史的很长一段时间内曾经占据着重要的地位，从 9 针到 24 针，现在已基本走出打印机历史的舞台，可以说它见证了打印机发展的整个历史。针式打印机之所以在很长的一段时间内能流行不衰，这与它相对低廉的价格、极低的打印成本和很好的易用性是分不开的。当然，针式打印机较低的打印质量、很大的工作噪声也是它无法适应高质量、高速度的商用打印需要的根结，因为它可以实现多层套打，所以现在只有在银行、超市等用于票单打印的地方还可以看见它的踪迹。

（2）喷墨打印机因有良好的打印效果与较低的价位而占领了广大的中低端打印机市场。此外，喷墨打印机还具有更为灵活的纸张处理能力，在打印介质的选择上，喷墨打印机也具有一定的优势：既可以打印信封、信纸等普通介质，还可以打印各种胶片、照片纸、卷纸、T恤转印纸等特殊介质。

（3）激光打印机是近年来高科技发展的产物，也是有望代替喷墨打印机的一种机型。激光打印机可分为黑白和彩色两种，为我们提供了更高质量、更快速、更低成本的打印方式。其中低端的黑白激光打印机的价格已经达到了普通用户可以接受的水平。它的打印原理是利用光栅图像处理器产生要打印页面的位图，然后将其转换为电信号即一系列的脉冲送往激光发射器，在这一系列脉冲的控制下，激光被有规律地放出，与此同时，反射光束被接收的感光鼓所感光，激光发射时就产生一个点，激光不发射时就是空白，这样就在接收器上印出一行点来。然后，接收器转动一小段固定的距离继续重复上述操作。当纸张经过感光鼓时，鼓上的着色剂就会转移到纸上，印成了页面的位图。最后，当纸张经过一对加热辊后，着色剂被加热熔化，固定在了纸上，就完成了打印的全过程，整个过程准确而且高效。虽然激光打印机的价格要比喷墨打印机贵得多，但从单页的打印成本上讲，激光打印机则要便宜很多。彩色激光打印机的价位较高，较难被普通用户接受。

除了以上 3 种最为常见的打印机外，还有热转印打印机和大幅面打印机等几种应用于专业方面的打印机机型。热转印打印机是利用透明染料进行打印的，它的优势在于专业的高质量的图像打印方面，即可以打印近于照片的连续色调的图片，一般用于造币及专业图形输出；大幅面打印机的打印原理与喷墨打印机基本相同，但打印幅宽一般都能达到 24 英寸（61cm）以上，因此它的主要用途一直集中在工程与建筑领域。但随着其墨水耐久性的提高和图形解析度的增加，大幅面打印机也被越来越多地应用于广告制作、大幅摄影、艺术写真和室内装潢等装饰宣传的领域中，已成为打印机家族中的重要一员。

练一练（单选题）

1．下列设备组中，完全属于输入设备的一组是（　　）。

A．CD-ROM 驱动器、键盘、显示器　B．绘图仪、键盘、鼠标器

C．键盘、鼠标器、扫描仪　D．打印机、硬盘、条码阅读器

2．下列选项中，既可作为输入设备又可作为输出设备的是（　　）。

A．扫描仪　B．绘图仪　C．鼠标器　D．磁盘驱动器

3．下列设备组中，完全属于计算机输出设备的一组是（　　）。

A．喷墨打印机、显示器、键盘　B．激光打印机、键盘、鼠标器

C．键盘、鼠标器、扫描仪　D．打印机、绘图仪、显示器

4．下列设备组中，完全属于外部设备的一组是（　　）。

A．CD-ROM 驱动器、CPU、键盘、显示器

B．激光打印机、键盘、CD-ROM 驱动器、鼠标器

C．主存储器、CD-ROM 驱动器、扫描仪、显示器

D．打印机、CPU、内存储器、硬盘

5．在微机中，VGA 属于（　　）。

A．微机型号　　B．显示器型号　　C．显示标准　　D．打印机型号

6．显示器的分辨率为 1024×768，若能同时显示 256 种颜色，则显示存储器的容量至少为（　　）。

A．192KB　　B．384KB　　C．768KB　　D．1536KB

7．液晶显示器（LCD）的主要技术指标不包括（　　）。

A．显示分辨率　　B．显示速度　　C．亮度和对比度　　D．存储容量

8．下列选项中，不属于显示器主要技术指标的是（　　）。

A．分辨率　　B．重量　　C．像素的点距　　D．显示器的尺寸

9．摄像头属于（　　）。

A．控制设备　　B．存储设备　　C．输出设备　　D．输入设备

10．显示器的参数 1280×1024 表示（　　）。

A．显示器分辨率　　B．显示器颜色指标

C．显示器屏幕大小　　D．显示每个字符的列数和行数

11．在微机中，I/O 设备是指（　　）。

A．控制设备　　B．输入输出设备

C．输入设备　　D．输出设备

12．下列设备中，可以作为微机输入设备的是（　　）。

A．打印机　　B．显示器　　C．鼠标器　　D．绘图仪

13．移动硬盘或 U 盘连接计算机所使用的接口通常是（　　）。

A．RS-232C 接口　　B．并行接口

C．USB　　D．UBS

14．通常彩色输出质量最好的打印机是（　　）。

A．针式打印机　　B．点阵打印机　　C．喷墨打印机　　D．激光打印机

单元训练题

单选题

1．下列叙述中，错误的是（　　）。

A．计算机系统由硬件系统和软件系统组成

B．计算机软件由各类应用软件组成

C．CPU 主要由运算器和控制器组成

D．计算机主机由 CPU 和内存储器组成

2．下列叙述中，正确的是（　　）。

A．字长为 16 位表示这台计算机最大能计算一个 16 位的十进制数

B．字长为 16 位表示这台计算机的 CPU 一次能处理 16 位的二进制数

C．运算器只能进行算术运算

D．SRAM 的集成度高于 DRAM

3．下列描述中，正确的是（　　）。

A．光盘驱动器属于主机，而光盘属于外设

B．摄像头属于输入设备，而投影仪属于输出设备

C．U 盘即可以用作外存，也可以用作内存

D．硬盘是辅助存储器，不属于外设

4．计算机的技术性能指标主要是指（　　）。

A．计算机所配备的程序设计语言、操作系统、外部设备

B．计算机的可靠性、可维护性和可用性

C．显示器的分辨率、打印机的性能等配置

D．字长、主频、运算速度、内/外存容量

5．通常所说的计算机的主机是指（　　）。

A．CPU 和内存　　B．CPU 和硬盘

C．CPU、内存和硬盘　　D．CPU、内存与 CD-ROM

6．下列说法中正确的是（　　）。

A．计算机体积越大，功能越强

B．微机 CPU 主频越高，其运算速度越快

C．两个显示器的屏幕大小相同，它们的分辨率也相同

D．激光打印机打印的汉字比喷墨打印机多

7．下列度量单位中，用来度量计算机外部设备传输率的是（　　）。

A．MB/s　　B．MIPS　　C．GHz　　D．MB

8．组成计算机硬件系统的基本部分是（　　）。

A．CPU、键盘和显示器　　B．主机和输入/出设备

C．CPU 和输入/出设备　　D．CPU、硬盘、键盘和显示器

9．下列关于指令系统的描述，正确的是（　　）。

A．指令由操作码和控制码两部分组成

B．指令的地址码部分可能是操作数，也可能是操作数的内存单元地址

C．指令的地址码部分是不可缺少的

D．指令的操作码部分描述了完成指令所需要的操作数类型

10．计算机指令主要存放在（　　）。

A．CPU　　B．内存　　C．硬盘　　D．键盘

11．CPU 的指令系统又称为（　　）。

A．汇编语言　　B．机器语言　　C．程序设计语言　　D．符号语言

12．度量计算机运算速度常用的单位是（　　）。

A．MIPS　　B．MHz　　C．MB/s　　D．Mb/s

13．下列关于 CPU 的叙述中，正确的是（　　）。

A．CPU 可以直接读取硬盘上的数据

B．CPU 可以直接与内存储器交换数据

C．CPU 主要组成部分是存储器和控制器

D．CPU 主要用来执行算术运算

14. 控制器的功能是（　　）。

A. 指挥、协调计算机各相关硬件工作

B. 指挥、协调计算机各相关软件工作

C. 指挥、协调计算机各相关硬件和软件工作

D. 控制数据的输入和输出

15. CPU 的主要性能指标是（　　）。

A. 字长和时钟主频　　B. 可靠性

C. 耗电量和效率　　D. 发热量和冷却效率

16. 微机的字长是 4 个字节，这意味着（　　）。

A. 能处理的最大数值为 4 位十进制 9999

B. 能处理的字符串最多由 4 个字符组成

C. 在 CPU 中作为一个整体加以传送处理的为 32 位二进制代码

D. 在 CPU 中运算的最大结果为 2 的 32 次方

17. 影响一台计算机性能的关键部件是（　　）。

A. CD-ROM　　B. 硬盘　　C. CPU　　D. 显示器

18. 下面关于 U 盘的描述中，错误的是（　　）。

A. U 盘有基本型、增强型和加密型 3 种

B. U 盘的特点是重量轻、体积小

C. U 盘多固定在机箱内，不便携带

D. 断电后，U 盘还能保持存储的数据不丢失

19. 假设某台式计算机的内存储器容量为 256MB，硬盘容量为 40GB，则硬盘的容量是内存容量的（　　）。

A. 200 倍　　B. 160 倍　　C. 120 倍　　D. 100 倍

20. 用来存储当前正在运行的应用程序及相应数据的存储器是（　　）。

A. 内存　　B. 硬盘　　C. U 盘　　D. CD-ROM

21. 在 CD 光盘上标记有“CD-R”字样，“R”标记表明该光盘是（　　）。

A. 只能写入一次，可以反复读出的一次性写入光盘

B. 可多次擦除型光盘

C. 只能读出，不能写入的只读光盘

D. 其驱动器单倍速为 1350KB/S 的高密度可读写光盘

22. 微机内存按（　　）。

A. 二进制位编址　　B. 十进制位编址

C. 字长编址　　D. 字节编址

23. ROM 是指（　　）。

A. 随机存储器　　B. 只读存储器

C. 外存储器　　D. 辅助存储器

24. 对 CD-ROM 可以进行的操作是（　　）。

A. 读或写　　B. 只能读不能写

C. 只能写不能读　　D. 能存不能取

25. 硬盘属于（　）。

A. 内部存储器　　B. 外部存储器

C. 只读存储器　　D. 输出存储器

26. 下面关于随机存取存储器（RAM）的叙述中，正确的是（　）。

A. RAM 分静态 RAM（SPAM）和动态 RAM（DRAM）两大类

B. SRAM 的集成度比 DRAM 高

C. DRAM 的存取速度比 SRAM 快

D. DRAM 中存储的数据无须“刷新”

27. 当电源关闭后，下列关于存储器的说法中，正确的是（　）。

A. 存储在 RAM 中的数据不会丢失　　B. 存储在 ROM 中的数据不会丢失

C. 存储在 U 盘中的数据会全部丢失　　D. 存储在硬盘中的数据会丢失

28. 下列叙述中，正确的是（　）。

A. 内存中存放的只有程序代码

B. 内存中存放的只有数据

C. 内存中存放的既有程序代码又有数据

D. 外存中存放的是当前正在执行的程序代码和所需的数据

29. 随机存取存储器（RAM）的最大特点是（　）。

A. 存储量极大，属于海量存储器

B. 存储在其中的信息可以永久保存

C. 一旦断电，存储在其上的信息将全部消失，且无法恢复

D. 计算机中，只用来存储数据的

30. ROM 中的信息是（　）。

A. 由计算机制造厂预先写入的

B. 在系统安装时写入的

C. 根据用户的需求，由用户随时写入的

D. 由程序临时存入的

31. 假设某台式计算机的内存储器容量为 128MB，硬盘容量为 10GB，则硬盘的容量是内存容量的（　）。

A. 100 倍　　B. 40 倍　　C. 60 倍　　D. 80 倍

32. 把硬盘上的数据传送到计算机内存中的操作称为（　）。

A. 读盘　　B. 写盘　　C. 输出　　D. 存盘

33. 下列各存储器中，存取速度最快的是（　）。

A. RAM　　B. 光盘　　C. U 盘　　D. 硬盘

34. 能直接与 CPU 交换信息的存储器是（　）。

A. 硬盘存储器　　B. CD-ROM

C. 内存储器　　D. U 盘存储器

35. 在外部设备中，扫描仪属于（　）。

A. 输出设备　　B. 存储设备

C. 输入设备　　D. 特殊设备

36．在微机的硬件设备中，有一种设备在程序设计中既可以叫作输出设备，又可以叫作输入设备，这种设备是（　　）。

A．绘图仪　　B．网络摄像头　　C．手写笔　　D．磁盘驱动器

37．在下列设备中，不能作为微机输出设备的是（　　）。

A．鼠标器　　B．打印机　　C．显示器　　D．绘画仪

38．显示器的主要技术指标之一是（　　）。

A．分辨率　　B．亮度　　C．彩色　　D．对比度

39．下列设备组中，完全属于外部设备的一组是（　　）。

A．激光打印机、移动硬盘、鼠标器

B．CPU、键盘、显示器

C．SRAM 内存条、CD-ROM 驱动器、扫描仪

D．U 盘、内存储器、硬盘

第 3 章　计算机软件技术基础

本章要点

- 计算机软件以及计算机软件的分类
- 操作系统的作用以及常用操作系统
- 程序设计语言及其组成和处理
- 算法的定义、特征以及控制结构

计算机系统通常由硬件系统和软件系统组成。硬件是组成计算机的物理设备，软件则是完成数据处理任务所需的各种程序的集合，两者相互依存，是构成计算机系统不可或缺的两个部分。

利用计算机解决现实世界中的问题，必须先提出一个算法，然后依据算法设计程序，计算机解决问题的过程如图 3-1 所示。实际上，程序是解决问题算法的具体体现。计算机通过执行程序中规定的各种操作便可完成数据处理任务。

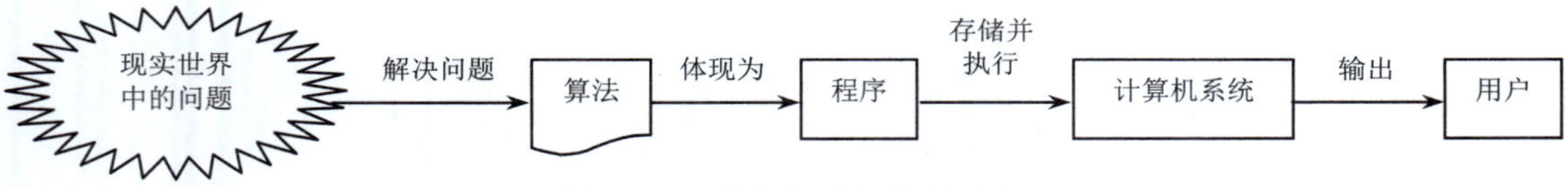

图 3-1　计算机解决问题的过程

从计算机底层的角度来看，程序是机器指令的一个序列。从程序设计语言的角度来看，程序就是用更容易理解和表达的语言记号，对数据和数据加工过程的描述。

软件是计算机的灵魂，如同人类大脑里的思想和知识。本章先介绍计算机软件，再介绍程序设计语言、算法、数据结构和数据库等知识。

3.1　概述

3.1.1　什么是计算机软件

按照传统的观点，计算机软件就是计算机系统上完成数据处理任务所需的各种程序的集合。即使是专业人员，提到软件首先想到的也是计算机程序。但随着计算机科学的不断发展，再把软件等同于程序就不准确了。

对于计算机软件的概念，目前尚无一个统一的定义。我们一般认为计算机软件（Computer Software）是指计算机系统中的程序、数据和文档的集合。其中，程序当然是软件的主体，单独的数据或文档不能认为是软件；数据是程序运行过程中需要处理的对象和必须使用的一些参数（如函数、英汉字典等）；文档指的是与程序开发、维护及操作有关的一些资料（如设计报告、维护手册和使用指南等）。通常，软件（特别是商品软件和大型软件）必须有完整、规范的文档作为支持。

软件具有与硬件不同的特点。

（1）表现形式不同。硬件看得见、摸得着，而软件无形、看不见、摸不着。软件大多存在人们的头脑里或纸面上，它的正确与否、是优是劣，一直要到程序在机器上运行才能知道，这就给设计、生产和管理带来许多困难。

（2）生产方式不同。软件开发是人的智力的高度发挥，不是传统意义上的硬件制造。尽管软件开发与硬件制造之间有许多共同点，但这两种活动是根本不同的。

（3）要求不同。有些硬件产品允许有一定范围的误差，而软件产品却不允许有误差。

（4）维护不同。有些硬件是要被用旧、用坏的，但在理论上，软件是不会被用旧、用坏的，在软件的整个生存周期中，其一直处于改变（维护）状态。

3.1.2 软件的分类

从应用的角度出发，通常将计算机软件分为系统软件和应用软件。

1. 系统软件

系统软件（System Software）指那些为了有效使用计算机系统，给应用软件开发与运行提供支持的软件，或者能为用户管理与使用计算机提供方便的软件。一般分为以下两大类。

（1）一类系统软件负责管理计算机系统的资源，与计算机硬件紧密地结合，使计算机系统的硬件部件、相关的软件和数据相互协调地工作。同时支持用户很方便地使用计算机，高效率地共享计算机系统的资源。

操作系统（Operating System，OS）是这类系统软件的代表。常见的操作系统有 Windows、UNIX 和 Linux。计算机要完成的任务虽然各不相同，但会涉及一些所有用户都共同需要的基础性操作。例如，都要通过输入设备取得数据，向输出设备送出数据；从磁盘读取数据，向磁盘写入数据；把程序装载到内存，启动这个程序等。这些操作也要由一系列指令来完成。因此，可以把这些指令集中起来，组合成为一个操作系统，对其他程序提供统一的支持。此外，操作系统还要负责管理硬件、软件和外存数据，使得在一台计算机上运行的各个程序有条不紊地共享有限的硬件设备，共享系统里存放的软件和数据。例如，两个程序都要向硬盘存入各自的数据，如果没有操作系统作为一个协调管理机构来为它们划定区域的话，就可能出现两个程序互相破坏对方数据的情况。

（2）另一类系统软件通常称为实用程序或者实用软件。它们负责提供几乎所有用户都会需要的各种各样的公共应用服务。例如，基本输入/输出系统（BIOS）、程序设计语言的各种处理程序、数据库管理系统（DBMS）、数据备份程序、数据恢复程序以及磁盘清理程序等。

2. 应用软件

应用软件指用户为解决某些应用领域中的各类问题而开发的程序，这种应用程序五花八门、极其丰富，很多通用的程序可以根据其功能组成不同的软件包，供用户下载使用。按照应用软件开发方式和适用范围，应用软件可分为通用应用软件和定制应用软件。

（1）通用应用软件。通用应用软件是几乎人人都需要使用的应用软件。现代社会不论从事什么职业，无论是学习还是娱乐，人们所进行的与计算机相关的活动几乎都需要有相应的应用软件来提供服务。

通用应用软件有很多种。例如文字处理软件、信息检索软件、媒体播放软件、网络通信软件等，具体可见表 3-1。这些软件易学易用，是人们学习生活必不可少的软件。

（2）定制应用软件。定制应用软件就是按照不同领域用户的特定应用要求而开发的软件。如大学教务管理系统、医院门诊挂号系统、酒店客房管理系统等。这类软件专用性强，设计和开发成本相对比较高，价格也比通用应用软件高，只有相应的机构用户需要购买。

表 3-1 通用应用软件的主要类别和功能

类别	功能	流行软件举例
文字处理软件	文本编辑、文字处理、桌面排版等	WPS、Word
电子表格软件	表格制作、数值计算和统计等	Excel
图形图像软件	图像处理、几何图形绘制、动画制作等	AutoCAD、Photoshop、3DS MAX、CorelDraw
媒体播放软件	播放各种数字音频和视频文件	Windows Media Player、Real Player、Winamp
网络通信软件	收发电子邮件、网络聊天、打 IP 电话等	Outlook Express、微信、QQ、ICQ
演示软件	幻灯片制作等	PowerPoint
游戏软件	玩游戏和进行其他娱乐活动	联众、QQ 游戏
信息检索软件	在数据库和 Internet 中查找需要的信息	万方数据、超星阅览器

没有配置任何软件，只包含硬件系统的计算机通常称为“裸机”。安装了操作系统后的计算机，原来的硬件并没有发生变化，但功能和运行效率得到极大的增强，一般称为“虚计算机”。裸机、操作系统、实用程序以及应用软件之间的层次关系如图 3-2 所示。大多数情况下，用户是和一台安装了操作系统的计算机打交道的，用户通过“软件用户界面”与操作系统进行交互。

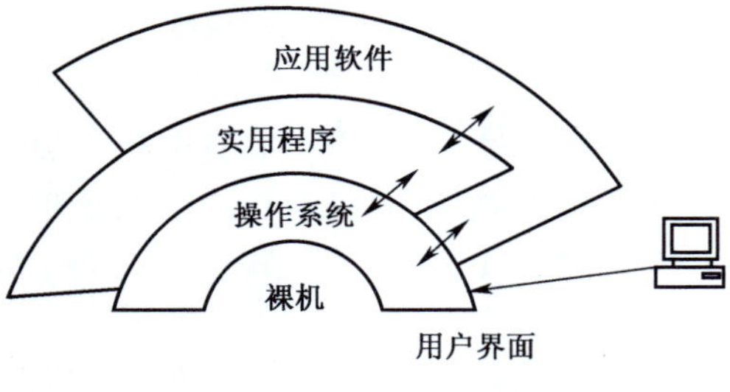

图 3-2 计算机的软件层次关系

3.1.3 软件版权保护

如同其他出版物一样，软件产品具有智力产品的特性，是受到知识产权法律保护的对象。

版权是一种排他性的法律权利，没有得到版权持有人的许可，复制有版权的产品就触犯知识产权法了。书籍、文章、音乐、电影、计算机软件都是有版权的产品。从法律的观点看，复制一个软件而没有给软件的版权持有人付费，性质和在超市不付钱就拿走商品的性质是一样的，这是一种软件侵权行为。同样，未经唱片公司、电影公司的许可，就在网络上提供其产品的影音下载服务，是一种网络侵权行为。

当然，不是所有的软件都要收费的。公开软件就没有版权，软件作者只是把他的作品与大家分享。Linux 操作系统原版就是典型的例子。有版权的软件，有时在一段时间或者某个范围里免费发行，常见的一种情况是，版权人为了看看市场对该软件产品的反应，推出免费的试用版。共享软件则是用户可以免费得到的软件，但有时在需要技术支持或者软件升级时要收费。

至于拥有专利的软件，用户只能在购买许可证（即购买软件的使用权，而不是软件产品本身）后才可使用。

练一练（单选题）

1．以下是手机中的常用软件，属于系统软件的是（　　）。

A．手机 QQ　　B．Android　　C．Skype　　D．微信

2．①字处理软件；②Linux；③Unix；④学籍管理系统；⑤Windows XP；⑥Office 2003。在上述列出的 6 个软件中，属于系统软件的有（　　）。

A．①、②、③　　B．②、③、⑤

C．①、②、③、⑤　　D．都不是

3．计算机软件的确切含义是（　　）。

A．计算机程序、数据与相应文档的总称

B．系统软件与应用软件的总和

C．操作系统、数据库管理软件与应用软件的总和

D．各类应用软件的总称

4．下列说法正确的是（　　）。

A．进程是一段程序　　B．进程是一段程序的执行过程

C．线程是一段子程序　　D．线程是多个进程的执行过程

5．编译程序属于（　　）。

A．系统软件　　B．应用软件　　C．操作系统　　D．数据库管理软件

6．下列软件中，属于应用软件的是（　　）。

A．Windows XP　　B．PowerPoint 2003

C．UNIX　　D．Linux

7．下列各组软件中，（　　）属于应用软件。

A．音频播放系统、语言编译系统、数据库管理系统

B．文字处理程序、军事指挥程序、UNIX

C．导弹飞行系统、军事信息系统、航天信息系统

D．Word 2010、Photoshop、Windows 7

8．下列各软件中，（　　）不是系统软件。

A．操作系统　　B．语言处理系统

C．指挥信息系统　　D．数据库管理系统

9．下列软件中，属于系统软件的是（　　）。

A．航天信息系统　　B．Office 2003

C．Windows Vista　　D．决策支持系统

10. 下列各项中两个软件均属于系统软件的是（　　）。

A. MIS 和 UNIX　　B. WPS 和 UNIX

C. DOS 和 UNIX　　D. MIS 和 WPS

3.2 操作系统

操作系统（Operating System，OS）是管理计算机硬件与软件资源的程序，同时也是计算机系统的内核与基石。操作系统负责诸如管理与配置内存、决定系统资源供需的优先次序、控制输入与输出设备、操作网络与管理文件系统等基本事务。

3.2.1 概述

1. 操作系统的作用

操作系统的作用是统一调度、统一分配和统一管理所有的硬件设备和软件系统，使各个部分之间协调一致、有条不紊地工作，使计算机系统的所有资源最大限度地发挥作用，为用户提供方便、有效、友好的服务界面。

操作系统的作用主要体现在以下 3 个方面。

（1）操作系统作为用户与计算机硬件系统之间的接口。操作系统作为用户与计算机硬件系统之间的接口的含义是，操作系统处于用户与计算机硬件系统之间，用户通过操作系统来使用计算机系统。操作系统与软硬件的关系如图 3-3 所示。

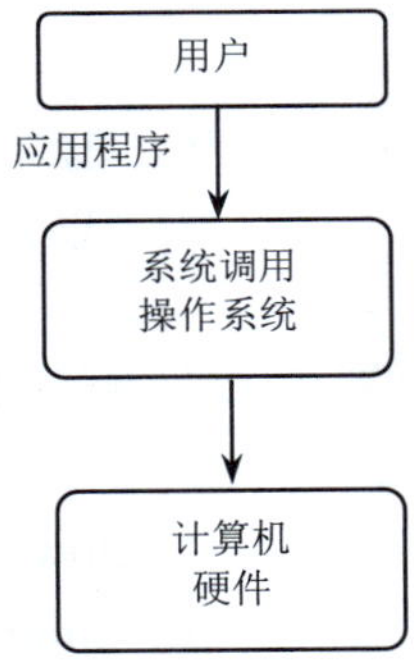

图 3-3　操作系统与软硬件的关系

（2）操作系统作为计算机系统的资源管理者。在操作系统中，能分配给用户使用的硬件和软件统称为资源，包括两大类：硬件资源和信息资源。硬件资源又分为处理器、存储器、I/O 设备等；信息资源又分为程序和数据等。

操作系统作为计算机系统的资源管理者的重要任务之一是有序地管理计算机中的硬件和软件资源，跟踪资源使用情况，监视资源的状态，满足用户对资源的需求，协调各程序对资源的使用冲突；让用户简单、有效地使用资源，最大限度地实现各类资源的共享，提高资源利用率，从而提高计算机系统的效率。

（3）操作系统为用户提供虚拟计算机。操作系统是紧靠硬件的第一层软件，计算机上安装操作系统后，可扩展其基本功能，为用户提供一台功能显著增强、使用更加方便、安全可靠性好、效率明显提高的机器。具有上述功能的计算机称为虚拟计算机或操作系统虚机器（Virtual Machine）。

裸机装上操作系统后，它将磁盘抽象成一组命名的文件，用户通过文件操作，按文件名来存取信息，不必涉及诸如数据物理地址、磁盘记录命令、移动磁头臂、搜索物理块及设备驱动等物理细节，便于使用且效率又高。

2. 常用的操作系统介绍

下面介绍影响极为广泛的操作系统。

（1）DOS 和 Windows 系列。DOS 系统是 1981 年 Microsoft 公司为 IBM 个人计算机开发的，即 MS-DOS。它是一个单用户单任务的操作系统，用户界面为命令行形式。在一段时间里 DOS 是个人计算机上使用最广泛的一种操作系统，功能集中在磁盘管理和其他外设的管理方面。

Windows 是 Microsoft 公司研发的另一个操作系统。Windows 版本发展历史见表 3-2。

表 3-2　Windows 版本发展历史

操作系统名称	发布日期	类型
Windows 1.0	1985.10	桌面操作系统
Windows 2.0	1987.10	桌面操作系统
Windows 3.0	1990.5	桌面操作系统
Windows 3.1	1992.4	桌面操作系统
Windows NT Workstation 3.5	1994.7	桌面操作系统
Windows NT 3.5x	1994.9	服务器操作系统
Windows 95	1995.8	桌面操作系统
Windows NT Workstation 4.x	1996.7	桌面操作系统
Windows NT Server 4.0	1996.9	服务器操作系统
Windows 98	1998.6	桌面操作系统
Windows 2000	2000.2	桌面操作系统
Windows 2000 Server	2000.2	服务器操作系统
Windows XP	2001.10	桌面操作系统
Windows Vista	2007.1	桌面操作系统
Windows 7	2009.10	桌面操作系统
Windows 8	2012.10	桌面操作系统
Windows 10	2015.7	桌面操作系统

2001 年 10 月微软推出当时最新的操作系统 Windows XP。Windows XP 有家庭版、专业版、媒体中心版、平板 PC 版和 64 位版本等多种。它有丰富的音频、视频和网络通信功能，工作更加可靠，最大可支持 4GB 内存和两个 CPU。此外，它还增强了防病毒功能，增加了系统安全措施（例如 Internet 防火墙、文件加密等）。

（2）UNIX 和 Linux。

1）UNIX 是使用比较广泛、影响比较大的主流操作系统之一，1969 年在 AT&T 的贝尔实验室诞生。UNIX 操作系统几乎全部使用 C 语言编写，是第一个主要用高级语言编写的系统软件，以功能强大、简洁、极其稳定、易于移植等优点，迅速得到学术界和业界的一致肯定。

2）Linux 是可以运行在 PC 机上的免费的 UNIX 操作系统。它由芬兰赫尔辛基大学的学生 Linus Torvalds 在 1991 年开发，作为自己的操作系统课程设计成果，在互联网上发布。由于 Linux 是一款免费软件，源代码完全公开，加上互联网的传播作用，世界各地有相同爱好的人们纷纷加入到后续的开发进程。

UNIX 和 Linux 主要安装在巨型机和大型机上作为网络操作系统使用，也可用于工作站和嵌入式系统。

（3）Android 和 iOS。安卓（Android）是一种基于 Linux 内核（不包含 GNU 组件）的自由及开放源代码的操作系统，主要使用于移动设备，如智能手机和平板电脑，由美国 Google 公司和开放手机联盟领导及开发。Android 操作系统最初由 Andy Rubin 开发，主要支持手机，2005 年 8 月由 Google 收购注资。2007 年 11 月，Google 与 84 家硬件制造商、软件开发商及电信营运商组建开放手机联盟共同研发改良 Android 系统。随后 Google 以 Apache 开源许可证的授权方式，发布了 Android 的源代码。第一部 Android 智能手机发布于 2008 年 10 月。Android 逐渐扩展到平板电脑及其他领域上，如电视、数码相机、游戏机、智能手表等。

iOS 是由苹果公司开发的移动操作系统。苹果公司最早于 2007 年 1 月 9 日的 Macworld 大会上公布这个系统，最初是设计给 iPhone 使用的，后来陆续用到 iPod Touch、iPad 上。iOS 与苹果的 MAC OS 操作系统一样，属于类 UNIX 的商业操作系统，原本这个系统名为 iPhone OS，因为 iPad，iPhone，iPod Touch 都使用 iPhone OS，所以 2010 年 WWDC 宣布将其改名为 iOS。

3.2.2 操作系统的功能

操作系统的主要任务是有效地管理系统资源、提供友好便捷的用户接口。为实现其主要任务，操作系统具有以下 5 大功能：处理机管理、存储器管理、设备管理、文件系统管理和接口管理。下面主要介绍处理机管理和存储器管理。

1. 处理机管理

由于存在多个程序共享系统资源的事实，这必然会引发对处理机（CPU）的争夺。如何有效地利用处理机资源，如何在多个请求处理机的进程中选择取舍，这就是进程调度要解决的问题。处理机是计算机中宝贵的资源，能否提高处理机的利用率、改善系统性能，在很大程度上取决于调度算法的优劣。因此，进程调度成为操作系统的核心。在操作系统中负责进程调度的程序称为进程调度程序。

（1）进程调度程序的功能。在进程调度的过程中，由于多个进程需要循环使用 CPU，所以进程调度是操作系统中最频繁的工作。进程调度程序一般采用按时间片（如 1/20s）轮转的策略，即每个程序都能轮流得到一个时间片的 CPU 时间，在时间片用完之后，调度程序再把 CPU 交给下一个程序，就这样一遍遍循环下去。只要时间片结束，不管程序多么重要，正在执行的程序就会被强行暂时终止。

（2）进程调度方式。调度方式分为非剥夺式和剥夺式（抢占式）两种。非剥夺式调度是让正在执行的进程继续执行，直到该进程完成或发生其他事件，才移交 CPU 控制权；剥夺式调度是当“重要”的或“系统”的进程出现时，便立即暂停正在执行的进程，将 CPU 控制权分配给“重要”的或“系统”进程。剥夺式调度反映了进程优先级的特征及处理紧急事件的能力。

2. 存储器管理

存储器管理基本技术包括分区法、可重定位分区法、覆盖技术、交换技术和虚拟存储技术。主要内容包括内存的分配和回收、内存的共享和保护、内存自动扩充等。现在的操作系统一般都采用虚拟存储技术（也称为虚拟内存技术，简称虚存）进行存储管理。

（1）虚拟存储器的引入。用户程序运行时，常常因为内存容量不足，致使程序无法运行。考虑从物理上增加内存容量，会受到机器自身的限制，而且要增加系统成本，因此，应考虑从逻辑上扩充内存容量。这正是虚拟存储技术所要解决的主要问题。

虚拟存储技术是相对于“实存”的另一种存储管理技术。它使用软件方法扩充存储器，20世纪70年代以后这一技术被广泛采用。虚拟存储器是指一种实际上并不存在的虚拟存储器，它能提供给用户一个比实际内存大得多的存储空间，使用户在编制程序时可以不考虑存储空间的限制。

在虚拟管理中，把程序访问的逻辑地址称为“虚拟地址”，而把处理器可直接访问的主存地址称为“实在地址”。虚拟地址的集合称为“虚拟地址空间”，把计算机主存称为“实在地址空间”。程序和数据所在的虚拟地址必须放入主存的实在地址中才能运行。因此，要建立虚拟地址和实在地址的相应关系，这种地址转换由动态地址映像机构来实现。

当把虚拟地址空间与主存地址空间分开以后，这两个地址空间的大小就独立了。也就是说，虚拟地址空间可以远大于主存的实在地址空间。另一个相关的问题是作业运行时其整个虚拟地址空间是否必须全部调入主存中，如果必须的话，那么实在地址空间仍必须大于虚拟地址空间。但实际情况是，程序中有些部分是不用的（如错误处理程序），有些程序用得很少（如程序中启动和终止处理部分），即使经常使用的部分也可以只将最近要执行的部分装入内存，其他部分在要用到时再调入内存，而这时又可以把暂时不用的部分调出内存，这种情况便可利用虚拟存储管理技术。

操作系统把各级存储器统一管理起来，把一个程序当前正在使用的部分放在磁盘上，然后启动执行它。操作系统根据程序执行时的要求和内存的实际使用情况随机地对每一个程序进行换入/换出。这样就给用户提供了一个比真实的内存空间大得多的地址空间，这就是虚拟存储器，即是用户能作为可编址内存对待的存储空间，在这种计算机系统中，虚拟地址被映像成实在地址。

（2）虚拟存储器受到的限制。虚拟存储器受以下两方面的限制：①外存储器容量的限制；②指令中地址长度的限制。

虚拟内存在 Windows 中又称为页面文件，虚拟内存的最大容量与 CPU 的寻址能力有关。如果 CPU 的地址线是 20 位的，虚拟内存最多是 1MB。

常用的虚拟存储技术有分页存储管理、分段存储管理和段页式存储管理。

练一练（单选题）

1．操作系统对磁盘进行读写操作的物理单位是（　　）。

A．磁道　　B．字节　　C．扇区　　D．文件

2．操作系统管理用户数据的单位是（　　）。

A．扇区　　B．文件　　C．磁道　　D．文件夹

3．操作系统是计算机软件系统中（　　）。

A．最常用的应用软件　　B．最核心的系统软件

C．最通用的专用软件　　D．最流行的通用软件

4．操作系统是（　　）。

A．主机与外设的接口　　B．用户与计算机的接口

C．系统软件与应用软件的接口　　D．高级语言与汇编语言的接口

5．操作系统的作用是（　　）。

A．用户操作规范　　B．管理计算机硬件系统

C．管理计算机软件系统　　D．管理计算机系统的所有资源

6．计算机操作系统的最基本特征是（　　）。

A．并发和共享　　B．共享和虚拟　　C．虚拟和异步　　D．异步和并发

7．从操作系统的分类来看，UNIX 系统属于（　　）。

A．批处理操作系统　　B．实时操作系统

C．分时操作系统　　D．单用户操作系统

8．下列关于操作系统的描述，正确的是（　　）。

A．操作系统中只有程序没有数据

B．其他软件无法使用操作系统提供的人机交互接口

C．操作系统是一种最重要的应用软件

D．一台计算机可以安装多个操作系统

9．下列软件中，（　　）不是操作系统软件。

A．Linux　　B．UNIX　　C．MS DOS　　D．MS Office

10．下面关于操作系统的叙述中，正确的是（　　）。

A．操作系统是计算机软件系统中的核心软件

B．操作系统属于应用软件

C．Windows 是 PC 机唯一的操作系统

D．操作系统的五大功能是：启动、打印、显示、文件存取和关机

3.3　程序设计语言

自然语言（如汉语、英语等）用于人与人之间的交流，而程序设计语言则用于人与计算机之间的通信。计算机是一种电子机器，其硬件使用的是二进制语言，与自然语言差别很大。程序设计语言具有极其严格的形式定义，近乎死板。经过多年的发展，程序设计语言已经成为一个大家族。不同场合下，我们可以讲汉语或英语，计算机专业人员也同样可以选择合适的程序设计语言来完成相应的软件开发任务。

3.3.1　程序设计语言简介

几十年来，程序设计语言在不断地发展，一些程序设计语言被弃用，新的程序设计语言在不断出现。但是机器指令仍然是操作的最终表示单位，任何种类的程序设计语言都必须向机器语言回归。当然，转换过程主要是依靠各种系统来完成的，我们称之语言处理软件。

1. 程序设计语言的分类

程序设计语言按其级别可以划分为机器语言、汇编语言和高级语言三大类。

（1）机器语言。机器语言就是 CPU 的机器指令集，是“天生”的程序设计语言。机器语言的终极记号只有两个：二进制数字 0 和 1。每条机器指令的语法格式和表示的语义都是在设计 CPU 的时候规定好的。机器语言是唯一能被 CPU 直接识别和执行的语言。

机器语言很难记忆、极难使用，而且不同系列的 CPU 具有不同的机器语言，这样同一个程序就无法在使用不同种类 CPU 的计算机上运行，也就是没有可移植性。

（2）汇编语言。为了使程序设计变得容易一些，人们定义了汇编语言。其主要特征是机器指令符号化，即用助记符的形式来表示机器指令的成分，这就比使用二进制数的表示形式好得多。如，用 ADD 表示加法，SUB 表示减法，MOV 表示传送数据等。

（3）高级语言。所谓“高级”是指语言记号形式完全脱离机器指令，很接近人们已经习惯的自然语言和数学语言，看上去像英语句子和算术式子。这样的语言不但易于理解，更为重要的是，高级语言和特定的 CPU 指令集在形式上不再关联。高级语言不但和具体的计算机无关，甚至和计算机内部的基本技术概念都无关。

程序设计语言用于人与机器的信息交流，因此，高级语言要围绕一组人为的规则来构造，语法规则数量很少而且必须十分严格地定义，所以是一种形式语言。

2. 常用的程序设计语言介绍

（1）C/C++语言。C 语言是在 20 世纪 70 年代初问世的。1978 年美国电话电报公司（AT&T）贝尔实验室正式发表了 C 语言。早期的 C 语言主要是用于 UNIX 系统。C 语言是一种结构化语言。它层次清晰，便于按模块化方式组织程序，易于调试和维护。C 语言的表现能力和处理能力极强，具有丰富的运算符和数据类型，便于实现各类复杂的数据结构。由于 C 语言实现了对硬件的编程操作，因此 C 语言集高级语言和低级语言的功能于一体，既可用于系统软件的开发，也适合于应用软件的开发。此外，C 语言还具有效率高、可移植性强等特点。因此，被广泛地移植到了各种类型的计算机上，从而形成了多种版本的 C 语言。

在 C 语言的基础上，1983 年贝尔实验室的 Bjarne Strou-strup 又推出了 C++语言。C++进一步扩充和完善了 C 语言，成为一种面向对象的程序设计语言。C++提出了一些更为深入的概念，它所支持的这些面向对象的概念容易将问题空间直接地映射到程序空间，为程序员提供了一种与传统结构程序设计不同的思维方式和编程方法。C 是 C++的基础，C++语言和 C 语言在很多方面是兼容的。因此，掌握了 C 语言，再进一步学习 C++就能以一种熟悉的语法来学习面向对象的语言，从而达到事半功倍的目的。

（2）Java 语言。Java 是 SUN 公司 1995 年推出的一种面向对象的编程语言。它是一种通过解释方式来执行的语言，语法规则和 C++类似。同时，Java 也是一种跨平台的程序设计语言。用 Java 语言编写的程序叫作 Applet（小应用程序），用编译器将它编译成类文件后，将它存在 WWW 页面中，并在 HTML 文档上作好相应标记，用户端只要装上 Java 的客户端软件就可以在网上直接运行 Applet。Java 非常适合于企业网络和 Internet 环境，已成为 Internet 中最受欢迎、最有影响的编程语言之一。Java 有许多值得称道的优点，如简单、面向对象、分布式、解释性、可靠、安全、结构中立性、可移植性、高性能、多线程及动态性等。Java 摒弃了 C++中各种弊大于利的功能和许多很少用到的功能。Java 可以运行在任何微处理器上，用 Java 开发的程序可以在网络上传输，并运行于任何客户机上。

（3）FORTRAN 语言。FORTRAN 是英文 FORmula TRANslator 的缩写，译为“公式翻译器”，它是世界上最早出现的计算机高级程序设计语言之一，广泛应用于科学和工程计算领域。FORTRAN 语言以其特有的功能在数学、科学和工程计算领域发挥着重要作用。

FORTRAN 语言开始是为解决数学问题和科学计算而提出的。多年来的应用表明：由于 FORTRAN 本身具有标准化程度高、便于程序互换、较易优化、计算速度快等优点，这种高级语言广泛流行。国外几乎所有的计算机厂商都能向用户提供 FORTRAN 的编译程序和应用程序的版本。

（4）Python 语言。Python 语言由荷兰数学和计算机科学研究学会的 Guido van Rossum 于 20 世纪 90 年代初设计，作为一种称作 ABC 语言的替代品。Python 提供了高效的高级数据结构，还能简单有效地面向对象编程。Python 语法和动态类型，以及解释型语言的本质，使它成为多数平台上编写脚本和快速开发应用的编程语言，随着版本的不断更新和新功能的添加，逐渐被用于独立的、大型项目的开发。Python 解释器易于扩展，可以使用 C 或 C++（或者其他可以通过 C 调用的语言）扩展新的功能和数据类型。Python 也可用于可定制化软件中的扩展程序语言。Python 丰富的标准库，提供了适用于各个主要系统平台的源代码或机器码。

除了以上介绍的几种常用的程序语言外，具有影响的程序语言还有 LISP 语言（适用于符号操作和表处理，主要用于人工智能领域）、PROLOG 语言（一种逻辑式编程语言，主要用于人工智能领域）、Ada 语言（一种模块化语言，易于控制并行任务和处理异常情况）、MATLAB 语言（一种面向向量和矩阵运算的，提供数据可视化等功能的数值计算语言）等，读者可参阅相关书籍进行学习。

3.3.2 程序设计语言中的控制成分

高级语言种类千差万别，但是其包含的基本成分可以归纳为 4 种。

（1）数据成分，用于描述程序所涉及的数据，如对数据类型和数据结构进行说明。

（2）运算成分，用以描述程序中所包含的运算，如算术表达式和逻辑表达式等。

（3）控制成分，用以描述程序中所包含的流程控制，如条件语句和循环语句等。

（4）传输成分，用以表达程序中数据的传输，如 I/O 语句。

下面着重介绍控制成分，另外 3 种成分请参阅相关资料。

程序设计语言中控制成分的作用是提供一个基本框架，在此基本框架下，可以将数据和对数据的运算组合成程序。3 种基本的控制结构是顺序结构、条件选择结构和循环结构。

1. 顺序结构

顺序结构表示操作步骤按时间顺序依次执行。如图 3-4 所示，首先执行 S1，然后再执行 S2。图 3-5 表示了由 4 个顺序执行的动作构成的“烧水喝茶”过程。

2. 条件选择结构

条件选择结构表示通过对一个条件的取值进行判断，然后选择执行哪一个操作。如图 3-6 所示，当条件 P 的结果为“真”的时候，选择执行 S1；结果为“假”的时候，选择执行 S2。在条件选择结构里，往往以逻辑表达式来表示一种判断条件。在 C 语言中，if 语句是典型的条件选择结构，它的表示形式如下：

```
if(P)S1; else S2;
```

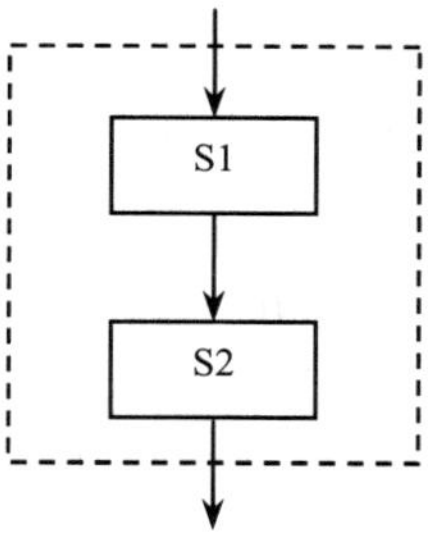

图 3-4　顺序结构

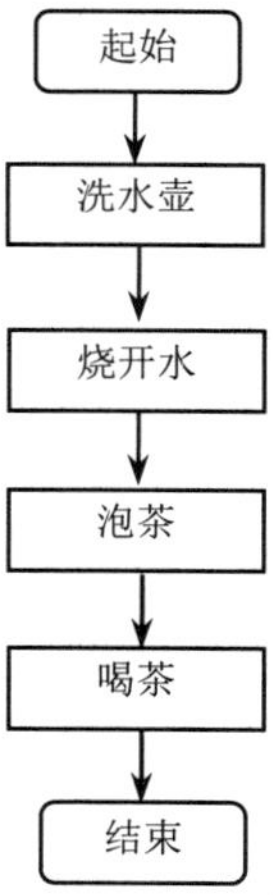

图 3-5　“烧水喝茶”流程图

3. 循环结构

循环结构又称为重复结构。在这种结构里，一组操作反复地执行若干次。重复执行的操作叫作循环体，通过循环控制条件的设定来控制循环体的重复执行次数。循环结构有多种形式，这里以 while 型重复结构为例，在 C 语言中，while 结构的一般形式如下：

```
while(P)S;
```

如图 3-7 所示，当 P（循环控制条件）成立时，就执行 S（循环体）；P 为假时，结束重复操作。

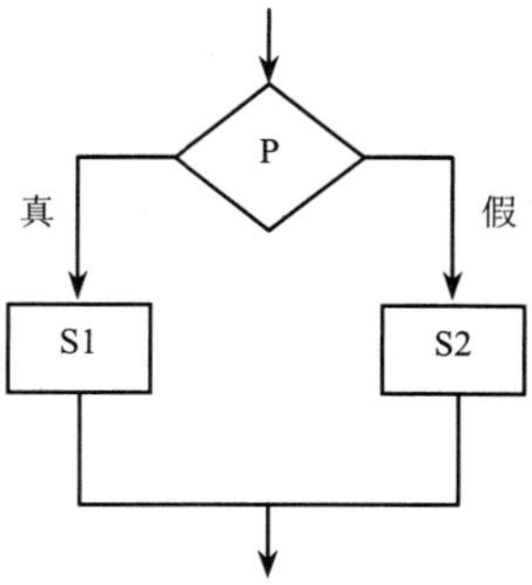

图 3-6　条件选择结构

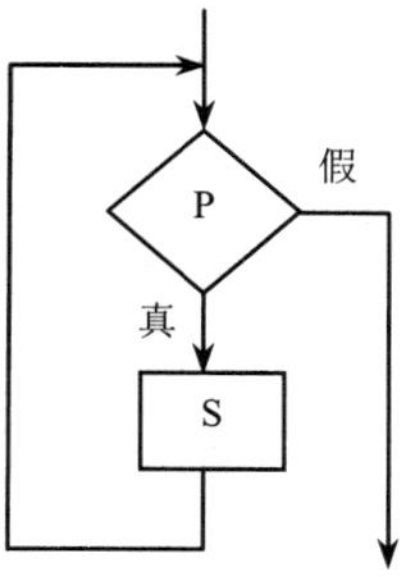

图 3-7　while 型循环结构

3.3.3　程序设计语言的处理过程

显然，除了机器语言之外，任何其他形式的程序设计语言都要经历一个翻译过程，被翻译的对象称为源程序，翻译结果称为目标程序。翻译是由一些系统软件来完成的。

把用汇编语言编写的一个源程序转变为机器语言表示的目标程序，所使用的翻译程序叫作汇编程序。汇编程序的运行结果是可以直接在 CPU 上运行的机器程序。不少人习惯把汇编语言编写的程序也叫作“汇编程序”，读者一定要把它和起翻译作用的汇编程序区别理解。

高级语言程序的通常处理过程是，用一个叫作编译程序的系统软件来对程序进行翻译，把得到的机器语言目标程序交给另一个语言处理软件——连接程序进行处理(连接一些标准的程序段），才能产生完整的、可以在 CPU 上运行的机器程序。有时，可执行的目标程序还要在运行之前交给装入程序进行处理，以决定最后的运行细节。

对高级语言程序的另一种可能的翻译方式称为解释。一个叫解释程序的系统软件可以逐句地分析源程序，随即产生对应的机器指令序列并执行它。对高级语言程序的这种处理方式称为解释执行。

比较这两种语言处理方法，采用编译方法时程序的执行时间效率要高得多。表面上，编译和连接要花费“额外的”时间才能得到目标程序，但可执行的目标程序一旦产生，就可以在磁盘上保存起来，以后需要时就将其“装入”内存直接执行。而采用解释方法时，没有产生目标程序，每次执行程序都要重复地对源程序进行解释，耗费的时间要多得多。

练一练（单选题）

1．下列说法正确的是（　　）。

A．编译程序的功能是将高级语言源程序编译成目标程序

B．解释程序的功能是解释执行汇编语言程序

C．Intel 8086 指令不能在 Intel P4 上执行

D．C++语言和 Basic 语言都是高级语言，因此它们的执行效率相同

2．汇编语言是一种（　　）。

A．依赖于计算机的低级程序设计语言

B．计算机能直接执行的程序设计语言

C．独立于计算机的高级程序设计语言

D．执行效率较低的程序设计语言

3．把用高级程序设计语言编写的程序转换成等价的可执行程序，必须经过（　　）。

A．汇编和解释　　B．编辑和链接　　C．编译和链接　　D．解释和编译

4．以下关于编译程序的说法正确的是（　　）。

A．编译程序属于计算机应用软件，所有用户都需要编译程序

B．编译程序不会生成目标程序，而是直接执行源程序

C．编译程序完成高级语言程序到低级语言程序的等价翻译

D．编译程序构造比较复杂，一般不进行出错处理

5．下列叙述中，正确的是（　　）。

A．高级语言编写的程序可移植性差

B．机器语言就是汇编语言，无非是名称不同而已

C．机器指令是由一串二进制数（0、1）组成的

D．用机器语言编写的程序可读性好

6．下列各类计算机程序设计语言中，不属于高级程序设计语言的是（　　）。

A．Visual Basic 语言　　B．C++语言

C．FORTRAN 语言　　D．汇编语言

7．计算机硬件能直接识别并执行的语言是_______。

A．汇编语言　　B．机器语言　　C．高级程序语言　　D．C++语言

8．下列叙述中，正确的是（　　）。

A．C++是一种高级程序设计语言

B．用 C++程序设计语言编写的程序可以无需经过编译就能直接在机器上运行

C．汇编语言是一种低级程序语言，执行效率很低

D．机器语言和汇编语言是同一种语言的不同名称

9．为了提高软件开发效率，开发软件时尽量采用（　　）。

A．汇编语言　　B．机器语言　　C．指令系统　　D．高级语言

10．下列叙述中，正确的是（　　）。

A．用高级语言编写的程序称为源程序

B．计算机能直接识别、执行用汇编语言编写的程序

C．机器语言编写的程序执行效率最低

D．不同型号的 CPU 具有相同的机器语言

3.4　算法与数据结构基础

瑞士计算机科学家尼克劳斯·沃思（Niklaus Wirth）提出了“数据结构+算法=程序”这一著名公式。数据结构就是计算机存储数据的结构，算法是来操作这些数据结构的，即各种数据结构的设计是以算法的实现为依据的。通过以前的学习我们知道，“程序是软件的核心”，实际上“算法是程序的核心”。因为要使计算机解决某个问题，首先必须针对该问题设计一个解题步骤，然后再据此编写程序并交给计算机执行。这里所说的解题步骤就是“算法”，采用某种程序设计语言对问题的对象和解题步骤进行的描述就是程序。

3.4.1　算法

1．算法的基本概念

算法（Algorithm）是在有限步骤内求解某一问题所使用的一组定义明确的规则，通俗地说，就是计算机解题的过程。在这个过程中，无论是形成解题思路还是编写程序，都是在实施某种算法。前者是推理实现的算法，后者是操作实现的算法。一个算法应该具有以下 5 个重要的特征。

（1）有穷性：算法必须在有限时间内完成，即算法必须在执行有限步骤之后结束。

（2）确定性：算法的每一步骤必须有确切的定义，不允许有模棱两可的解释和多义性。

（3）输入：一个算法应有 0 个或多个输入，以刻画运算对象的初始情况，所谓 0 个输入是指算法本身给定了初始条件。

（4）输出：一个算法应有一个或多个输出，以反映对输入数据加工后的结果，没有输出的算法是毫无意义的。

（5）可行性：算法中有待实现的操作都是可执行的，即在计算机的能力范围之内，且在有限的时间内能够完成操作。

2．算法的表示

算法的表示形式一般有 3 种：自然语言、伪代码和流程图。

（1）自然语言。自然语言是指人们日常使用的语言，比如汉语、英语或其他语言。

（2）伪代码。伪代码是用介于自然语言和计算机语言之间的文字和符号（包括数学符号）

来描述算法。

（3）流程图。流程图是广泛使用的一种算法表示工具，通过用规定的图形符号表示要执行的各种操作步骤、用流线表示操作步骤的转移次序，从而描述出算法过程。因为图形符号主要是各种不同形状的图线框，所以业界又习惯把流程图称为“框图”。流程图也可以用来描述程序的操作过程，所以有时也称其程序流程图。

一个问题的解决往往可以有多种不同的算法。算法的优劣，除考虑正确性外，还应该考虑两个因素：一个因素是执行算法所要占用的计算机资源是否最少，包括时间资源和空间资源两个方面；另一个因素是算法是否容易理解、是否容易调试和测试等。

3.4.2 数据结构

1. 数据结构的定义

数据是对客观事物的符号表示，在计算机科学中是指所有能输入到计算机中并被计算机程序处理的符号的总称。

数据结构是指相互之间存在一种或多种特定关系的数据元素的集合，即数据的组织形式。

作为计算机领域的一门学科，数据结构主要研究和讨论以下 3 个方面的内容。

（1）数据集合中各个数据元素之间所固有的逻辑关系，即数据的逻辑结构。

（2）在对数据元素进行处理时，各数据元素在计算机中的存储关系，即数据的存储结构。

（3）对各种数据结构进行的运算。

讨论以上问题的目的是为了提高数据处理的效率，而提高数据处理的效率是指提高数据处理的速度和尽量节省在数据处理过程中所占用的计算机存储空间。

一般情况下，在具有相同特征的数据元素集合中，各个数据元素之间将存在有某种关系（即连续），这种关系反映了该集合中数据元素所固有的一种结构。在数据处理领域，通常把数据元素之间这种固有的关系简单地用前后件关系（或直接前驱与直接后继关系）来描述。

2. 数据的逻辑结构

数据结构指反映数据元素之间关系的数据元素集合的表示。更通俗地讲，数据结构是指带有结构的数据元素的集合。所谓结构实际上就是指数据元素之间的前后件关系。

一个数据结构应该包含两方面信息：表示数据元素的信息和表示各数据元素之间的前后件关系的信息。

数据的逻辑结构是对数据元素之间的逻辑关系的描述，可以用一个数据元素的集合和定义在此集合中的若干关系来表示。

数据的逻辑结构包括集合结构、线性结构、树型结构和图型结构 4 种，如图 3-8 所示。

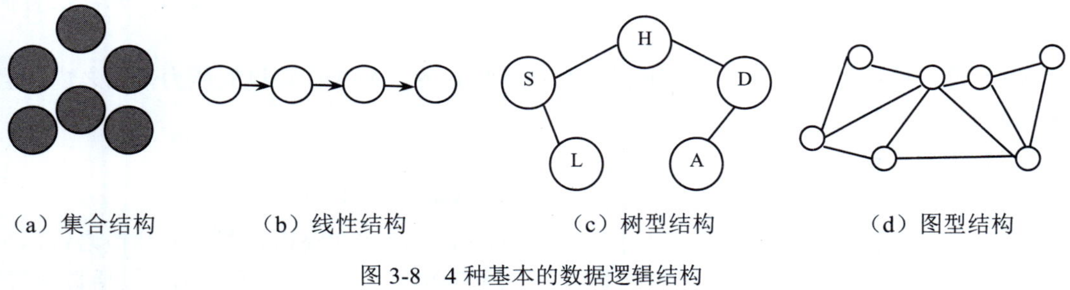

（a）集合结构　（b）线性结构　（c）树型结构　（d）图型结构

图 3-8　4 种基本的数据逻辑结构

3. 数据的存储结构

数据的逻辑结构在计算机存储空间中的存放形式称为数据的存储结构（也称数据的物理结构）。

数据元素在计算机存储空间中的位置关系可能与逻辑关系不同，为了表示存放在计算机存储空间中的各数据元素之间的逻辑关系（即前后件关系），在数据的存储结构中，不仅需要存放各数据元素的信息，还需要存放各数据元素之间的前后件关系的信息。

一种数据的逻辑结构根据需要可以表示成多种存储结构，常用的存储结构有顺序、链接和索引等。采用不同的存储结构，数据处理的效率是不同的，因此，在进行数据处理时，选择合适的存储结构是很重要的。

4. 数据的运算

为数据处理的需要，需要在数据上进行各种运算。数据的运算是定义在数据的逻辑结构之上的，但运算的具体实现要在存储结构上进行。数据的各种逻辑结构有相应的各种运算，每种逻辑结构都有一个运算的集合。下面例举几种常用的运算。

（1）检索：在数据结构里查找满足一定条件的节点。

（2）插入：往数据结构里增加新的节点。

（3）删除：把指定的节点从数据结构里去掉。

（4）更新：改变指定节点的一个或多个域的值。

（5）排序：保持线性结构的节点序列里的节点数不变，把节点按某种指定的顺序重新排列，例如，按节点中某个域的值由小到大对节点进行排列。

数据的运算是数据结构的一个重要方向。讨论任何一种数据结构时都离不开对该结构上的数据运算及其实现算法的讨论。

练一练（单选题）

1. 数据结构一般不包括（　　）的内容。

   A. 数据的逻辑结构　　B. 数据的存储结构

   C. 在这些数据上定义的运算　　D. 算法的表示

2. 程序设计的核心是（　　）。

   A. 算法设计　　B. 数据选择

   C. 算法表示　　D. 数据结构

3. 一个算法应包含至少（　　）输出。

   A. 零个　　B. 一个

   C. 一个以上的　　D. 多个

4. 抽象地反映数据元素之间的约束关系而不考虑在其计算机中的存储方式，称为数据的（　　）。

   A. 存储结构　　B. 层次结构

   C. 物理结构　　D. 逻辑结构

单元训练题

单选题

1．下列属于计算机程序设计语言的是（　　）。

A．ACDSee　　B．Visual Basic　　C．WaveEdit　　D．WinZip

2．下列选项属于面向对象的程序设计语言的是（　　）。

A．Java 和 C　　B．Java 和 C++　　C．VB 和 C　　D．VB 和 Word

3．高级程序设计语言的特点是（　　）。

A．高级语言数据结构丰富

B．高级语言与具体的机器结构密切相关

C．高级语言接近算法语言不易掌握

D．用高级语言编写的程序计算机可立即执行

4．下列说法错误的是（　　）。

A．汇编语言是一种依赖于计算机的低级程序设计语言

B．计算机可以直接执行机器语言程序

C．高级语言通常都具有执行效率高的特点

D．为提高开发效率，开发软件时应尽量采用高级语言

5．以下程序设计语言是低级语言的是（　　）。

A．FORTRAN 语言　　B．Java 语言

C．Visual Basic 语言　　D．80X86 汇编语言

6．早期的计算机语言中，所有的指令、数据都用一串二进制数 0 和 1 表示，这种语言称为（　　）。

A．Basic 语言　　B．机器语言　　C．汇编语言　　D．Java 语言

7．下列说法正确的是（　　）。

A．与汇编方式执行程序相比，解释方式执行程序的效率更高

B．与汇编语言相比，高级语言程序的执行效率更高

C．与机器语言相比，汇编语言的可读性更差

D．其他 3 项都不对

8．将汇编源程序翻译成目标程序（.OBJ）的程序称为（　　）。

A．编辑程序　　B．编译程序　　C．链接程序　　D．汇编程序

9．面向对象的程序设计语言是一种（　　）。

A．依赖于计算机的低级程序设计语言

B．计算机能直接执行的程序设计语言

C．可移植性较好的高级程序设计语言

D．执行效率较高的程序设计语言

10．用 C 语言编写的程序被称为（　　）。

A．可执行程序　　B．源程序　　C．目标程序　　D．编译程序

11．用高级程序设计语言编写的程序，（　　）。

A．计算机能直接执行　　B．具有良好的可读性和可移植性

C．执行效率高　　D．其执行依赖于具体机器

12．在各类程序设计语言中，相比较而言，执行效率最高的是（　　）。

A．高级语言编写的程序　　B．汇编语言编写的程序

C．机器语言编写的程序　　D．面向对象的语言编写的程序

13．下列说法错误的是（　　）。

A．计算机可以直接执行机器语言编写的程序

B．光盘是一种存储介质

C．操作系统是应用软件

D．计算机运行速度用 MIPS 表示

14．下列叙述中，错误的是（　　）。

A．把数据从内存传输到硬盘的操作称为写盘

B．Windows 属于应用软件

C．把高级语言编写的程序转换为机器语言的目标程序的过程称为编译

D．计算机内部对数据的传输、存储和处理都使用二进制

15．微机上广泛使用的 Windows XP 是（　　）。

A．多用户多任务操作系统　　B．单用户多任务操作系统

C．实时操作系统　　D．多用户分时操作系统

16．下列说法正确的是（　　）。

A．一个进程会伴随着其程序执行的结束而消亡

B．一段程序会伴随其进程结束而消亡

C．任何进程在执行未结束时不允许被强行终止

D．任何进程在执行未结束时都可以被强行终止

17．下列各组软件中，属于应用软件的一组是（　　）。

A．Windows XP 和管理信息系统　　B．UNIX 和文字处理程序

C．Linux 和视频播放系统　　D．Office 2003 和军事指挥程序

18．下列软件中，属于系统软件的是（　　）。

A．C++编译程序　　B．Excel 2003

C．学籍管理系统　　D．财务管理系统

19．下列各组软件中，属于应用软件的是（　　）。

A．程序语言处理程序、数据库管理系统、财务处理软件

B．文字处理程序、编辑程序、UNIX 操作系统

C．管理信息系统、办公自动化系统、电子商务软件

D．Word 2010　Windows XP　指挥信息系统

20．下列软件中，属于应用软件的是（　　）。

A．操作系统　　B．数据库管理系统

C．程序设计语言处理系统　　D．管理信息系统

21．计算机系统软件中，最基本、最核心的软件是（　）。

A．操作系统　　B．数据库管理系统

C．程序语言处理系统　　D．系统维护工具

22．下列选项中，完整描述计算机操作系统作用的是（　）。

A．它是用户与计算机的界面

B．它对用户存储的文件进行管理，方便用户

C．它执行用户输入的各类命令

D．它管理计算机系统的全部软、硬件资源，合理地组织计算机的工作流程，以达到充分发挥利用计算机资源的效率，为用户提供使用计算机的友好界面

23．操作系统将 CPU 的时间资源划分成极短的时间片，轮流分配给各终端用户，使终端用户单独分享 CPU 的时间片，有独占计算机的感觉，这种操作系统称为（　）。

A．实时操作系统　　B．批处理操作系统

C．分时操作系统　　D．分布式操作系统

24．操作系统的主要功能是（　）。

A．对用户的数据文件进行管理，为用户提供管理文件方便

B．对计算机的所有资源进行统一控制和管理，为用户使用计算机提供方便

C．对源程序进行编译和运行

D．对汇编语言程序进行翻译

25．下列说法正确的是（　）。

A．CPU 可直接处理外存上的信息

B．计算机可以直接执行高级语言编写的程序

C．计算机可以直接执行机器语言编写的程序

D．系统软件是买来的软件，应用软件是自己编写的软件

26．下列叙述中，正确的是（　）。

A．用高级语言编写的程序可移植性好

B．用高级语言编写的程序运行效率最高

C．机器语言编写的程序执行效率最差

D．高级语言编写的程序的可读性最差

27．以下关于编译程序的说法正确的是（　）。

A．编译程序直接生成可执行文件

B．编译程序直接执行源程序

C．编译程序完成高级语言程序到低级语言程序的等价翻译

D．各种编译程序构造都比较复杂，所以执行效率高

28．用助记符代替操作码、用地址符号代替操作数的面向机器的语言是（　）。

A．汇编语言　　B．FORTRAN 语言

C．机器语言　　D．高级语言

29．把用高级语言程序设计编写的源程序翻译成目标程序（.OBJ）的程序为（　）。

A．汇编程序　　B．编辑程序

C．编译程序　　D．解释程序

30. 下列说法中，正确的是（　　）。

A. 只要将高级程序语言编写的源程序文件（如 try.c）的扩展名更改为 exe，则它就成为可执行文件了

B. 高档计算机可以直接执行用高级程序语言编写的程序

C. 高级语言源程序只有经过编译和链接后才能成为可执行程序

D. 用高级程序语言编写的程序可移植性和可读性都很差

31. 解释程序的功能是（　　）。

A. 解释执行汇编语言程序　　B. 解释执行高级语言程序

C. 将汇编语言程序解释成目标程序　D. 将高级语言程序解释成目标程序

32. 下列描述正确的是（　　）。

A. 计算机不能直接执行高级语言源程序，但可以直接执行汇编语言源程序

B. 高级语言与 CPU 型号无关，但汇编语言与 CPU 型号相关

C. 高级语言源程序不如汇编语言源程序的可读性好

D. 高级语言程序不如汇编语言程序的移植性好

33. 以下语言本身不能作为网页开发语言的是（　　）。

A. C++　　B. ASP　　C. JSP　　D. HTML

34. 编译程序将高级语言程序翻译成与之等价的机器程序，该机器语言程序称为（　　）。

A. 临时程序　　B. 目标程序　　C. 机器程序　　D. 工作程序

35. 与高级语言相比，汇编语言编写的程序通常（　　）。

A. 执行效率更高　　B. 更短

C. 可读性更好　　D. 移植性更好

36. 将目标程序（.OBJ）转换成可执行文件（.EXE）的程序称为（　　）。

A. 编辑程序　　B. 编译程序　　C. 链接程序　　D. 汇编程序

37. 关于汇编语言程序，（　　）。

A. 相对于高级程序设计语言程序具有良好的可移植性

B. 相对于高级程序设计语言程序具有良好的可读性

C. 相对于机器语言程序具有良好的可移植性

D. 相对于机器语言程序具有较高的执行效率

38. 微机上广泛使用的 Windows 操作系统是（　　）。

A. 多任务操作系统　　B. 单任务操作系统

C. 实时操作系统　　D. 批处理操作系统

39. 计算机操作系统通常具有的五大功能是（　　）。

A. CPU 管理、显示器管理、键盘管理、打印机管理和鼠标器管理

B. 硬盘管理、U 盘管理、CPU 的管理、显示器管理和键盘管理

C. 处理器（CPU）管理、储存管理、文件管理、设备管理和作业管理

D. 启动、打印、显示、文件存取和关机

40. 操作系统中的文件管理系统为用户提供的功能是（　　）。

A. 先按文件作者存取文件　　B. 按文件名管理文件

C. 按文件创建日期存取文件　　D. 按文件大小存取文件

第 4 章　计算机网络技术基础

本章要点

- 计算机网络的定义、功能及分类
- 计算机局域网的特点及组成，以太网和交换式以太网的区别
- 计算机广域网的定义，ADSL 及 Cable Modem 的技术原理以及连接方式
- 因特网提供的各项服务，TCP/IP 协议，TCP/IP 协议的特点
- 电子邮件地址格式，域名系统以及 IP 地址的格式和分类
- 计算机网络新技术，物联网的概念，结构和发展方向
- 网络安全的定义，网络安全技术，计算机病毒的定义及特点，预防计算机病毒的措施

4.1　计算机网络技术概述

随着时代的发展，计算机网络技术日新月异，昔日的“王谢堂前燕”，而今已“飞入寻常百姓家”。现在计算机通信已成为我们生活中一个重要的组成部分。网络被用于社会的各个层面，无论是商业活动，还是企业生产，以及娱乐行业，网络都发挥了重要的作用。很多公司都拥有了自己的网络。简而言之，计算机网络已遍布全球各个领域。

计算机网络技术是计算机技术和通信技术这两大技术相结合的产物，代表着当前计算机系统结构发展的一个重要方向。它的出现引起了人们的高度重视和极大兴趣。计算机网络给现代社会带来了巨大变化，改变了人们的生活、工作及学习方式，使人们之间的沟通越来越便捷，信息的发布传递越来越迅速，人们之间的距离越来越“近”。可以预言，未来的计算机就是网络化的计算机。

4.1.1　什么是计算机网络

计算机网络是利用通信设备和网络软件，将地理位置不同而功能独立的计算机（及其他设备）连接起来，实现资源共享和信息传递的系统。

计算机网络从逻辑功能上可划分成两个组成部分：通信子网（Communication Subnet）和资源子网（Source Subnet），如图 4-1 所示。

通信子网是计算机网络的内层，由通信传输线路（如，同轴电缆、双绞线、光纤、无线电波及光波等）、通信处理机即通信控制器 CCP（网络节点）和相应的软件组成。通信子网主要承担数据传输、转接和通信处理 3 方面的任务。通信子网不执行用户的程序。通信控制器负责全网的通信控制，包括线路控制、差错控制、流量控制以及速率变换等，并作为与主机的接口。

资源子网的主体是主计算机（Host）[也称端系统（End System）或主机]、终端设备、各种软件资源和数据资源，其中包含用户的应用程序。主计算机是网上资源的拥有者，承担着数据处理、运行用户应用程序的任务，以实现最大限度地共享全网资源为目标。

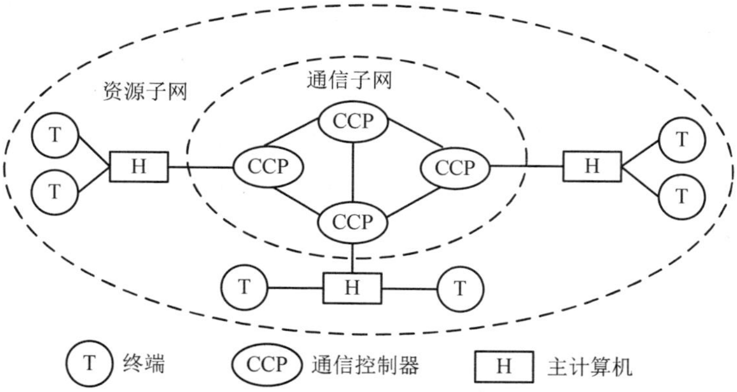

图 4-1　计算机网络

所以概括来讲，一个计算机网络包含以下 3 个主要组成部分。

（1）若干台主机（Host）：至少有两台具有独立操作系统的计算机，且它们之间有相互共享某种资源的需求。

（2）一个通信子网：由一些通信链路和节点交换机（也叫通信处理机）组成，用于数据通信。

（3）一系列通信协议（Protocol）：这些协议是通信双方事先约定好必须遵守的，是计算机网络不可或缺的组成部分，是为网络交换而建立的标准、规则或约定，如 TCP/IP（传输控制协议/网际协议）、OSI/RM（开放系统互连参考模型）等。

4.1.2　计算机网络的功能

计算机网络使计算机的作用范围及其功能有了突破性的发展，计算机网络虽然多种多样，但都应具有如下功能。

（1）数据通信。数据通信即数据传送，是计算机网络的最基本功能之一。计算机网络可以使信息在不同地理位置的计算机之间传输，如现在应用广泛的电子邮件、文件传输、IP 电话以及视频会议等。

（2）资源共享。资源共享是计算机网络最有吸引力的功能之一。资源共享指的是网上用户能够部分或全部地使用计算机网络资源，从而大大地提高各种硬件、软件和数据资源的利用率。资源共享包括硬件、软件和数据资源的共享。

1）硬件资源共享。用户可以使用网络中任意一台计算机所附接的硬件设备，包括利用其他计算机的中央处理器来分担自己的处理任务。例如，同一网络中的用户共享打印机、共享硬盘空间等。

2）软件资源共享。用户可以使用远程主机的软件（系统软件和应用软件），既可以将相应软件调入本地计算机执行，也可以将数据送至对方主机，然后运行软件并返回结果。

3）数据资源共享。网络用户可以使用其他主机和用户的数据。

（3）提高计算机系统的可靠性和可用性。计算机系统可靠性的提高主要表现在计算机网络中每台计算机都可以依赖计算机网络相互为后备机；计算机可用性的提高是指当计算机网络中某一台计算机负载过重时，计算机网络能够进行智能的判断，将新的任务转交给计算机网络中较空闲的计算机去完成，这样就能均衡每一台计算机的负载，提高了每一台计算机的可用性。

（4）实现分布式信息处理。在计算机网络中，每个用户可根据情况合理地选择计算机网络内的资源，以就近原则快速地处理任务。对于较大型的综合问题，通过一定的算法将任务分交给不同的计算机，从而达到均衡网络资源、实现分布处理的目的。此外，利用网络技术，能将多台计算机连成具有高性能的计算机系统，以并行的方式共同处理一个复杂的问题，这就是当今称为协同式计算机的一种网络计算模式。

4.1.3 计算机网络的分类

计算机网络的分类方法有很多，通常从以下几种角度对计算机网络进行分类。

（1）按网络拓扑结构划分。拓扑原是几何学中的一个名词，表示研究与物体大小、形状无关的点、线、面之间的关系。在计算机网络技术中，网络拓扑结构指连接网络设备的物理线缆的铺设形式，根据网络拓扑结构可把计算机网络分为星型网、总线型网、环型网、树型网、和网状型网及混合型网等，如图 4-2 所示。

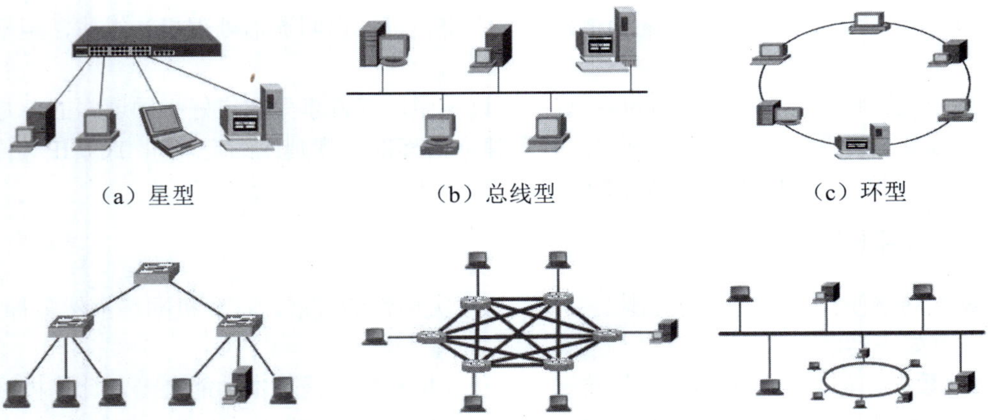

（a）星型　（b）总线型　（c）环型

（d）树型　（e）网状型　（f）混合型

图 4-2　计算机网络拓扑结构

星型网络的特点是，网络中存在一个中心节点，负责控制整个网络的数据通信，其余各节点都直接连接到中心节点上，通过中心节点与其他节点通信。这种拓扑结构的优点是结构简单、容易构建、方便控制和管理；缺点是中心节点负担重，一旦中心节点发生故障会造成整个网络的瘫痪。

总线型网络的特点是将所有节点都连接到一条公共线路上，所有节点的数据都在公共线路上传输，这条公共线路被称为总线。这种拓扑结构的优点是构建简单、成本低廉、使用方便；缺点是网络性能不高、数据传输存在延时，当节点过多时会造成网络性能急剧下降。

环型网络的特点是网络中的所有节点互相连接形成一个闭合的环路，任意两个节点之间的数据都是沿着环路依次在中间节点上传输。这种拓扑结构的优点是结构简单，缺点是网络管理复杂。

以上 3 种拓扑结构属于基本结构，在基本结构上还可以组合出更加复杂的拓扑结构，如树型、网状型和混合型等网络拓扑结构。

（2）按网络的覆盖范围划分。根据计算机网络所覆盖的地理范围、信息的传递速率及其应用目的，计算机网络通常被分为局域网（LAN）、城域网（MAN）、广域网（WAN）3 种。这种网络分类方法也是较为流行的分类方法。

1）局域网（LAN），也称局部区域网络，覆盖范围常在几千米以内，限于单位内部或建筑物内，常由一个单位投资组建，具有规模小、专用、传输延迟小的特征。目前我国绝大多数企业都建立了自己的企业网（Intranet）。局域网只有与局域网或者广域网互联，进一步扩大应用范围，才能更好地发挥其共享资源的作用。

2）城域网（MAN），也称市域网，覆盖范围一般是一个城市，介于局域网和广域网之间。城域网使用广域网技术进行组网。

3）广域网（WAN），有时也称远程网，覆盖范围通常在数十千米以上，可以覆盖整个城市、国家，甚至整个世界，具有规模大、传输延迟大的特征。广域网通常使用的传输装置和媒体由电信部门提供，但也有其他部门自行组网的现象。在我国，除电信网外，还有广电网、联通网等，它们均可为用户提供远程通信服务。

（3）按网络工作模式划分。按网络工作模式可将计算机网络划分为以下两种。

1）对等网（Peer to Peer）。在对等网络中，所有计算机地位平等，没有从属关系，也没有专用的服务器和客户机，网络中的资源是分散在每台计算机上的，每一台计算机都有可能成为服务器也有可能成为客户机，网络的安全验证在本地进行。一般对等网络中的用户小于或等于 10 台。对等网能够提供灵活的共享模式，组网简单、方便，但难于管理，安全性能较差。它可满足一般数据传输的需要，所以一些小型单位在计算机数量较少时可选用“对等网”结构。

2）客户机/服务器模式（Client/Server）。为了使网络通信更方便、更稳定、更安全，我们可以引入基于服务器的网络（Client/Server，C/S）工作模式，如图 4-3 所示。这种模式的网络中有一台或几台较大型的计算机集中进行共享数据库的管理和存取，称为服务器，而将其他的应用处理工作分散到网络中其他的计算机上。服务器控制管理数据的能力已由文件管理方式上升为数据库管理方式，因此，C/S 中的服务器也称为数据库服务器，其注重于数据定义及存取安全备份及还原，并发控制及事务管理，执行诸如选择检索和索引排序等数据库管理功能。它有足够的能力把通过其处理后用户所需的那部分数据而不是整个文件通过网络传送到客户机去，减轻了网络的传输负荷。C/S 结构是数据库技术的发展和普遍应用与局域网技术发展相结合的结果。

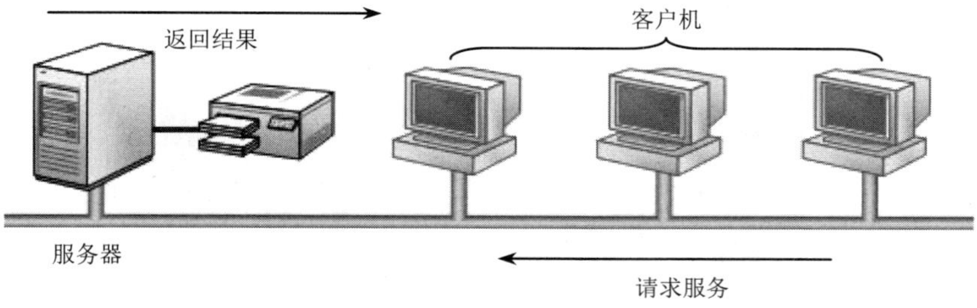

图 4-3　客户机/服务器模式

（4）按通信传输介质划分。按通信传输介质可将计算机网络分为有线网络和无线网络。有线网络的通信介质包括双绞线、同轴电缆、光纤等；无线网络的通信介质包括红外线、微波、激光等。

1）双绞线。双绞线采用了一对互相绝缘的金属导线互相绞合的方式来抵御一部分外界电磁波干扰，更主要的是降低自身信号的对外干扰。把两根绝缘的铜导线按一定密度互相绞在一起可以降低信号干扰的程度，每一根导线在传输中辐射的电波会被另一根线上发出的电波抵消，“双绞线”的名字也是由此而来。双绞线一般由两根 22～26 号绝缘铜导线相互缠绕而成，但在实际使用时，双绞线是由多对双绞线一起包在一个绝缘电缆套管里的。典型的双绞线有 4 对的，也有将更多对双绞线放在一个电缆套管里的，我们称这些为双绞线电缆。在双绞线电缆（也称双扭线电缆）内，不同线对具有不同的扭绞长度，一般来说，扭绞长度在 38.1mm～14cm，按逆时针方向扭绞。相临线对的扭绞长度在 12.7mm 以上，一般扭线扭得越密，其抗干扰能力就越强。与其他传输介质相比，双绞线在传输距离、信道宽度和数据传输速度等方面均受到一定限制，但价格较为低廉，如图 4-4 所示。

图 4-4　双绞线

2）同轴电缆。同轴电缆由里到外分为 4 层：中心铜线、塑料绝缘体、网状导电层和电线外皮。中心铜线和网状导电层形成电流回路，因中心铜线和网状导电层为同轴关系而得名。同轴电缆传导交流电而非直流电，也就是说每秒钟会有好几次的电流方向发生逆转。如果使用一般电线传输高频率电流，这种电线就会相当于一根向外发射无线电的天线，这种效应将损耗信号的功率，使得接收到的信号强度减小。同轴电缆的设计正是为了解决这个问题。中心铜线发射出来的无线电被网状导电层所隔离，网状导电层可以通过接地的方式来控制发射出来的无线电。同轴电缆也存在一个问题，就是如果电缆某一段发生比较大的挤压或者扭曲变形，那么中心铜线和网状导电层之间的距离就不是始终如一的，这会造成内部的无线电波被反射回信号发送源，这种效应减低了可接收的信号功率。为了克服这个问题，中心铜线和网状导电层之间被加入一层塑料绝缘体来保证它们之间的距离始终如一，这也就造成了这种电缆比较僵直而不容易弯曲的特性，如图 4-5 所示。

图 4-5　同轴电缆

3）光纤。微细的光纤封装在塑料护套中，使得它能够弯曲而不至于断裂。通常，光纤一端的发射装置通过使用发光二极管（Light Emitting Diode，LED）或一束激光将光脉冲传送至光纤，光纤另一端的接收装置使用光敏元件检测脉冲。在日常生活中，由于光在光导纤维的传导损耗比电在电线传导的损耗低得多，因此光纤被用作长距离的信息传递。通常光纤与光缆两个名词会被混淆，多数光纤在使用前必须由几层保护结构包覆，包覆后的缆线即被称为光缆。光纤外层的保护结构可防止周围环境（如水、火、电击等）对光纤的伤害。光缆分为光纤、缓冲层及披覆几个部分。光纤和同轴电缆相似，只是没有网状屏蔽层，中心是光传播的玻璃芯。在多模光纤中，纤芯的直径是 15～50μm，大致与人的头发粗细相当。而单模光纤的纤芯直径为 8～10μm，纤芯外面包围着一层折射率比纤芯低的玻璃封套，以使光线保持在纤芯内，再外面的是一层薄的塑料外套，用来保护封套。光纤通常被扎成束，外面有外壳保护。纤芯通常是由石英玻璃制成的横截面积很小的双层同心圆柱体，它质地脆、易断裂，因此需要外加一保护层。光纤的结构示意如图 4-6 所示。

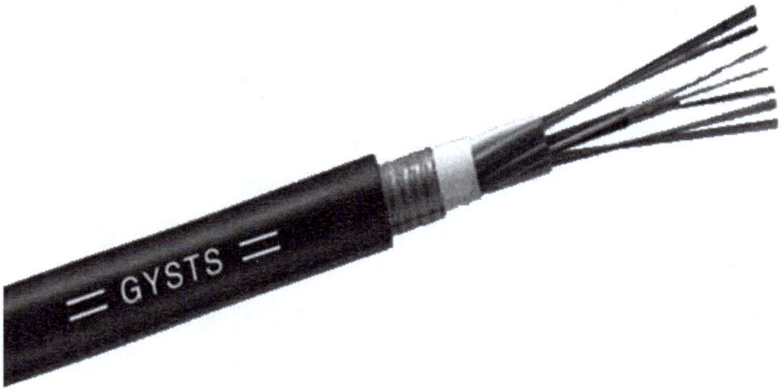

图 4-6　光纤的结构示意

（5）按网络的使用性质划分。按网络的使用性质可将计算机网络分为专用网和公用网。专用网是某单位为其某个部门的特殊工作需要而建立的网络，这种网络不向本单位以外的人提供服务，例如军队、铁路、电力等系统均有本系统的专用网；公用网一般是国家的邮电部门建造的网络，“公用”的意思就是所有愿意按邮电部门规定交纳费用的人都可以使用，因此公用网也可以称为公众网。

网络的分类还有其他方法，如从使用的协议来分，可分为 TCP/IP 网、SNA 网、IPX 网等。

4.1.4　网络应用和网络软件

1. 网络应用

网络提供的应用常被称为服务，比如，电子邮件便是一种网络服务。除了电子邮件，共享打印、文件共享、Internet 访问、远程拨入、主机通信等都是借助于网络实现的功能。下面介绍一些常用的网络服务。

（1）文件和打印服务。文件服务是指使用文件服务器提供的数据文件、应用程序（如文字处理程序或电子表格处理程序）和磁盘空间共享的功能。比如，在网络中某位置存放共享的文件比把文件复制到磁盘上，然后通过磁盘传送文件的处理方式要更容易和更快捷。网络管理员可以很容易地实现数据备份，而不需要单个用户分别进行备份。而且，使用在文件服务器上运行多个用户需要的应用程序可减小购买应用程序的开销，同时也会减少网络管理员的维护工作量。

使用打印服务共享网络上的打印机也会节省时间和资金。高质量的打印机价格很贵，使用网络打印服务可以使一台打印机同时为整个部门提供打印服务，不必为每个员工购买一台桌面打印机，且只使用一台打印机，维护和管理工作会更少。如果共享打印机出现问题，网络管理员可以在网络上的任何一台工作站上使用网络操作系统的打印控制功能来调试和解决问题。

（2）通信服务。借助于网络通信服务，远程用户可以连接到网络上（通常通过电话线和调制解调器）。如 Windows NT 和 NetWare 等网络操作系统都包含内置的通信服务。这些内置的通信服务都能保证用户接入通信服务器，或者运行这些通信服务的服务器，然后登录到网络，利用各种网络功能，就好像登录到服务器环境中某台工作站一样。商业公司和其他组织通常使用通信服务为远离局域网的员工提供局域网访问能力，比如在家工作的员工、旅途中的员工以及那些工作在小的微型办公室的员工。除此之外，这些组织和商业公司还可以使用通信服务来使其他组织的员工（如软件或硬件供应商）帮助分析和解决网络问题。

（3）邮件服务。邮件服务可以保证网络上的用户之间电子邮件的保存和传送。用户借助于电子邮件可以实现组织内外快捷方便的通信。邮件服务提供发送、接收和存储电子邮件的功能。邮件服务可以运行在多种系统之上，可以连接到 Internet，也可以隔离在组织内。常见的邮件服务软件有 Microsoft 公司的 Exchange Server、NetWare 的 GroupWise。对于用户来说，邮件服务是网络中最常见的功能，因而邮件服务软件的客户端界面通常开发得很友好，易于使用。

（4）Internet 服务。现在全球通信和数据交换非常普遍。作为全球覆盖面最广的网络，Internet 已经成为生活和商业活动中不可或缺的工具。也许你经常使用 Internet，但未必了解 Internet 提供的所有服务。一旦与 Internet 建立连接，则工作站和配套的服务器必须运行标准的协议，这样才能使用 Internet 服务。Internet 服务主要包括 WWW 服务和文件传输服务等。

2. 网络软件

网络软件包括网络操作系统和网络应用软件。

（1）网络操作系统。网络操作系统（Network Operating System，NOS）是使网络中各计算机能方便而有效地共享网络资源，为网络用户提供所需的各种服务的软件和有关规则的集合。

局域网的组建模式通常有对等网络和客户机/服务器网络两种。客户机/服务器网络是组网的标准模型。客户机/服务器网络操作系统由客户机操作系统和服务器操作系统两部分组成。Novell NetWare 是典型的客户机/服务器网络操作系统。客户机操作系统的功能一方面是让用户能够使用本地资源和处理本地的命令和应用程序，另一方面实现客户机与服务器的通信。服务器操作系统的主要功能是管理服务器和网络中的各种资源，实现服务器与客户机的通信，提供网络服务和提供网络安全管理。

常用的网络操作系统主要有如下几种。

1）Windows 操作系统。Windows 系列操作系统是微软开发的一种界面友好、操作简便的网络操作系统。Windows 操作系统的客户端操作系统有 Windows 95/98/ME、Windows WorkStation、Windows 2000 Professional 和 Windows XP 等。Windows 操作系统的服务器端操作系统包括 Windows NT Server、Windows 2000 Server 和 Windows Server 2003 等。Windows 操作系统支持即插即用、多任务、对称多处理和群集等一系列功能。

2）UNIX 操作系统。UNIX 操作系统是功能较强、安全性和稳定性较高的网络操作系统，其通常与硬件服务器产品一起捆绑销售。UNIX 是一个多用户、多任务的实时操作系统。

3）Linux 操作系统。Linux 是芬兰赫尔辛基大学的学生 Linux Torvalds 开发的具有 UNIX 操作系统特征的新一代网络操作系统。Linux 操作系统的最大特征在于其源代码是向用户完全公开的，任何一个用户可根据自己的需要修改 Linux 操作系统的内核，所以 Linux 操作系统的发展速度非常迅猛。

（2）网络应用软件。网络应用软件通常是为单机工作方式设计的应用软件，大多数网络应用软件都可以安装在网络服务器上，当工作站发出请求时，服务器就把网络应用软件的一份复制传送到工作站的内存中并启动运行，例如常用的文本处理软件、电子表格软件和绘图软件等。

练一练（单选题）

1.计算机网络常用的传输介质中，传输速率最快的是（　　）。

A．双绞线　　B．光纤　　C．同轴电缆　　D．电话线

2.上网需要在计算机上安装（　　）。

A．数据库管理软件　　B．视频播放软件

C．浏览器软件　　D．网络游戏软件

3．若网络的各个节点通过中继器连接成一个闭合环路，则称这种拓扑结构为（　　）。

A．总线型拓扑　　B．星型拓扑　　C．树形拓扑　　D．环形拓扑

4．计算机网络是一个（　　）。

A．管理信息系统　　B．编译系统

C．在协议控制下的多机互联系统　　D．网上购物系统

5．在计算机网络中，英文缩写 WAN 的中文名是（　　）。

A．局域网　　B．无线网　　C．广域网　　D．城域网

6．计算机网络最突出的优点是（　　）。

A．精度高　　B．运算速度快　　C．容量大　　D．共享资源

7．能保存网页地址的文件夹是（　　）。

A．收件箱　　B．公文包　　C．我的文档　　D．收藏夹

8．下列度量单位中，用来度量计算机网络数据传输速率（比特率）的是（　　）。

A．MB/s　　B．MIPS　　C．GHz　　D．Mb/s

9．计算机网络的主要目标是实现（　　）。

A．数据处理和网络游戏　　B．文献检索和网上聊天

C．快速通信和资源共享　　D．共享文件和收发邮件

10．若网络的各个节点均连接到同一条通信线路上，且线路两端有防止反射的装置，这种拓扑结构称为（　　）。

A．总线型拓扑　　B．星型拓扑

C．树形拓扑　　D．环形拓扑

11．计算机网络中传输介质传输速率的单位为 b/s，其含义是（　　）。

A．字节/秒　　B．字/秒

C．字段/秒　　D．二进制位/秒

12．计算机网络是计算机技术和（　　）。

A．自动化技术的结合　　　　　　B．通信技术的结合

C．电缆等传输技术的结合　　　　D．信息技术的结合

13．计算机网络中，若所有的计算机都连接到一个中心节点上，当一个网络节点需要传输数据时，首先传输到中心节点上，然后由中心节点转发到目的节点，这种连接结构称为(　　)。

A．总线结构　　B．环形结构　　C．星型结构　　D．网状结构

14．无线移动网络最突出的优点是（　　）。

A．资源共享和快速传输信息　　　B．提供随时随地的网络服务

C．文献检索和网上聊天　　　　　D．共享文件和收发邮件

15．在下列网络的传输介质中，抗干扰能力最好的是（　　）。

A．光缆　　B．同轴电缆　　C．双绞线　　D．电话线

4.2 计算机局域网

4.2.1 局域网的特点和组成

1. 局域网的特点

局域网（LAN）技术是当前计算机网络研究与应用的一个热点，也是技术发展较快的领域。局域网具有如下特点。

（1）网络所覆盖的地理范围比较小。

（2）数据的传输速率比较高，近年来已达到 1000Mb/s、10000Mb/s。

（3）具有较低的延迟和误码率。

（4）局域网络的经营权和管理权属于某个单位所有，与广域网通常由服务提供商提供形成鲜明对照。

（5）便于安装、维护和扩充，建网成本低、周期短。

2. 局域网的组成

一个局域网主要由 4 个部分组成，分别是网络服务器、网络工作站、通信设备和通信协议，局域网示意图如图 4-7 所示。在局域网中所有的通信处理功能是由网卡来实现的，如图 4-8 所示。有些局域网还配有网络打印机，有时为了扩展局域网络的范围还要引入路由器（图 4-9)、网桥、网关等网络设备。

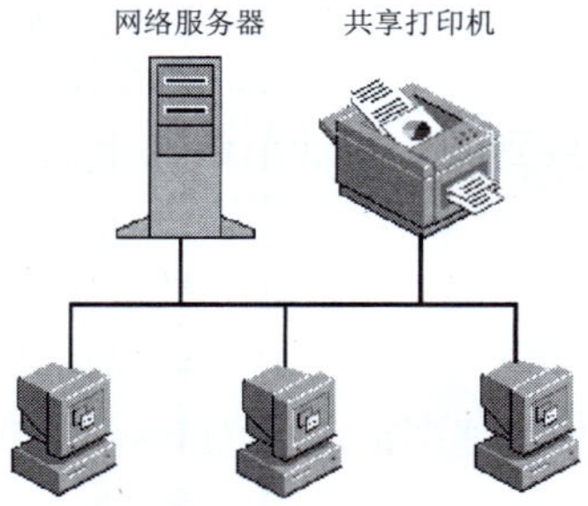

图 4-7　局域网示意图

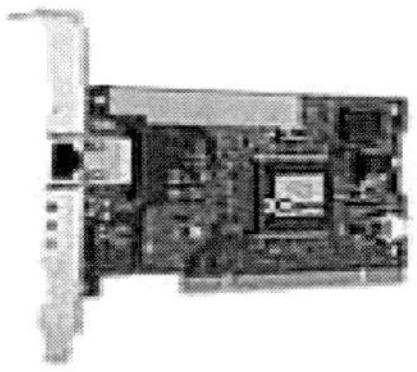

图 4-8　自适应网卡

图 4-9　TP-LINK 路由器

网络服务器是整个网络系统的核心，它为网络用户提供服务并管理整个网络，在其上运行的操作系统是网络操作系统。随着局域网络功能的不断增强，根据服务器在网络中所承担的任务和所提供的功能不同，把服务器分为文件服务器、打印服务器和通信服务器。

网络通信设备是指连接服务器与工作站之间的物理线路（又称传输媒体或传输介质）或连接设备（包括网络适配器、集线器和交换机等）。

为了完成两个计算机系统之间的数据交换而必须遵守的一系列规则和约定称为通信协议。在局域网络中一般使用的通信协议有 NetBEUI（用户扩展接口）协议、IPX/SPX（网际交换/顺序包交换）协议等。

4.2.2　常用局域网简介

常见的局域网类型包括以太网（Ethernet）、交换网（Switching）、光纤分布式数据接口网（FDDI）、异步传输模式网络（ATM）及令牌环网（Token Ring）等，它们在拓扑结构、传输介质、传输速率、数据格式等多方面都有许多不同。我们这里简单地对以太网（Ethernet）、交换式以太网、光纤分布式数字接口网（FDDI）、异步传输模式网（ATM）及无线局域网进行介绍。

1. 以太网

以太网（Ethernet）是一种产生较早且使用相当广泛的局域网，是一种总线结构的 LAN，如图 4-10 所示。美国 Xerox（施乐）公司于 1975 年推出了第一个局域网，1980 年美国 Xerox、DEC 与 Intel 三家公司联合提出了以太网规范，这是世界上第一个局域网的技术标准。后来的以太网国际标准 IEEE 802.3 就是参照以太网的技术标准建立的，两者基本兼容。为了与后来提出的快速以太网相区别，通常又将这种按 IEEE 802.3 规范生产的以太网产品简称为以太网。

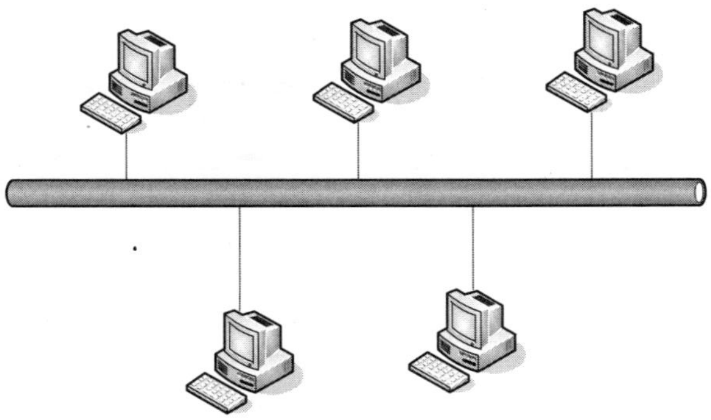

图 4-10　以太网拓扑结构

（1）以太网地址。以太网使用的是 MAC 地址，即 IEEE 802.3 以太网帧结构中定义的地址，又叫介质访问地址。每块网卡出厂时，都被赋予一个 MAC 地址，网卡的实际地址共有 6 个字节（48 位二进制数）。因此，一个网卡会有一个全球唯一固定的 MAC 地址，但可对应多个 IP 地址。

（2）以太网介质访问方法。以太网中的节点互相通信时，必须保证在任何时候只有一个节点发送信息，而且每次只能传送一帧的信息（帧是信息传输的单位，包括一些控制信息和本身所携带的数据），采用带冲突检测的载波监听多路访问（CSMA/CD）方法。CSMA/CD 是采用争用技术的一种介质访问控制方法，它的每个节点都能独立决定发送帧，若两个或多个站同时发送，即产生冲突，每个节点都能判断是否有冲突发生，如有冲突发生，则等待随机时间间隔后重发，以避免再次发生冲突。

CSMA/CD 方法的工作原理大致如下。

1）节点发送前先侦听总线是否空闲（无信号正在传输）。

2）若总线空闲，该节点就发送信息。

3）若总线忙，就一直侦听，直到侦听到总线空闲才发送信息。

4）在发送数据期间，节点继续保持侦听总线，如果检测到总线冲突，则立刻停止发送当前的数据，并在等待了一个随机时间间隔后再重复第 1）步的操作。

5）如果在发送数据期间，节点一直未检测到冲突，则信息发送成功。

以上过程可以归纳如下：发前先听、边发边听、冲突停止、延迟重发。

由于任何时刻只能有一对计算机进行通信，因此共享式以太网只适用于节点数目比较少的网络，而当计算机节点数目较多时，会导致网络发生拥塞，网络性能将急剧下降。

实际的以太网大多是以集线器为中心组成的，如图 4-11 所示。集线器用来连接网络中的各个节点并进行信息分发，把一个端口接收的信息向所有端口分发出去。网络中的每个节点通过网卡和网线连接到集线器。以太网卡按传输速度可分为 10M 网卡、100M 网卡、10M/100M 自适应网卡以及 1000M 以太网卡 4 种。使用较多的是 10M/100M 自适应网卡。网线一般使用 5 类双绞线，工作站与集线器之间的双绞线最大距离为 100m。

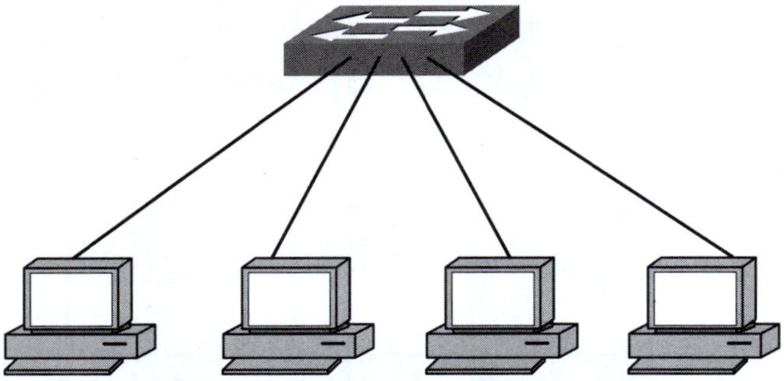

图 4-11　使用集线器构造以太网

2. 交换式以太网

我们上面讲述的以太网是一种共享式局域网。共享式局域网提供一个固定数量的带宽，并由一个网络段中的所有设备共享该带宽，多个站点不能同时发送和接收数据，当同一段中的某个站点正在发送或接收数据时，其他站点不能传输数据。有这种限制的设备包括集线器及中继器，它们的所有端口都处于同一个冲突域中，仅仅能对信号进行增幅和重发信号。交换式以太网的拓扑结构为星型结构，以以太网交换机（Switcher）为中心设备，其他节点通过网卡和传输介质连接到交换机上。交换机是一种特殊的网桥，它的每一个端口都是一个冲突域。交换机能够识别出帧的目的地址，并把帧只发送到目标站点连接的相应端口，而不是像共享式以太网中将帧发送到全网中的所有站点。换句话说，交换机能将一个网络段隔离成更小的网络段，这些小网络段彼此独立且只支持它自己的通信业务。交换式以太网是一种更新的以太网模型。由于节点通过交换机分配到相互隔离的逻辑网络段中，因此多个节点可同时发送和接收数据并能独立地利用更多的带宽。图 4-12 显示了交换机是如何隔离网络段的。

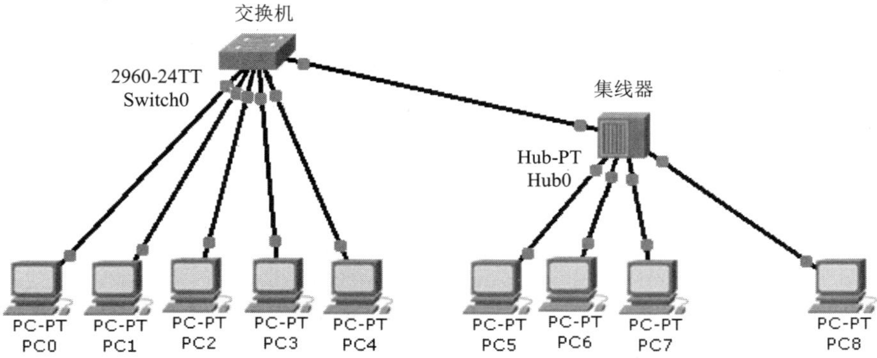

图 4-12　交换式以太网结构示意图

使用交换式以太网能增加一个网络段的有效带宽。实际上，在一个 10Mb/s 的以太网局域网中，使用交换机能将它的实际数据传输率提高到 100Mb/s。对一个已拥有 10BaseT 基础结构的组织来说，使用交换机是增加带宽的一种廉价方法。可以将交换机放置在网络中比较合理的位置，这样就能平衡网络中的通信业务负担和减少网络拥塞。

存储转发方式是交换机工作方式的一种，即当交换机接收到外部数据时，并不立即进行转发，而是先将数据在设备内存保存下来，然后再将存储的这部分数据进行转发（也就是传输），这种方式会造成传输过程的时间多一些（一般以 ms 计算），但是数据的安全性方面要好很多，不会出现数据丢失的现象。

交换式以太网与共享式以太网的区别。

（1）数据通信方式。交换式以太网支持同一时刻多对计算机之间的通信，而共享式以太网任何时刻只能有一对计算机进行通信。

（2）网络带宽。交换式以太网中连接在交换机上的每一个节点都各自独享网络带宽，即节点的带宽与交换机的总带宽保持一致，而共享式以太网中网络的总带宽由每个节点平分，即共享带宽。

3. 千（万）兆位以太网

作为最新的高速以太网技术，千（万）兆位以太网继承了传统以太网价格低的优点，并给用户带来了提高核心网络性能的有效解决方案。一般的单位或学校内部拥有多个部门，每个部门都拥有一个或多个局域网，往往需要将这些局域网再互相连接起来，构成整个网络。在搭建网络时，可以通过以太网交换机按性能高低以树状方式来实现这样的结构，如图 4-13

所示。千（万）兆位以太网采用光纤作为传输介质，中央交换机的带宽可以达到每秒千兆、万兆位以上。

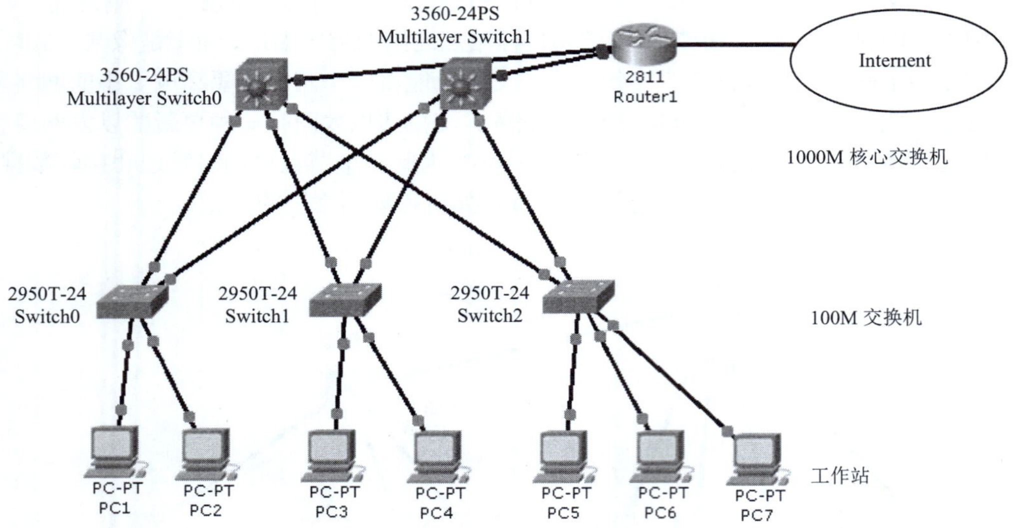

图 4-13　千（万）兆位以太网结构示意图

4. 光纤分布式数字接口网（FDDI）

FDDI 是 Fiber Distributed Data Interface 的缩写，意思是光纤分布数据接口，是计算机网络技术发展到高速通信阶段出现的高速网络技术。FDDI 以光纤为传输介质，传输速率可达 100 Mb/s，采用单环和双环两种拓扑结构，为了提高网络的健壮性，大多采用双环结构。单环结构能跨越长达 100km 的距离，连接多达 500 个设备，双环结构的跨越距离可达 200km。FDDI 有完整的国际标准及众多厂商的支持。

FDDI 采用令牌传递的方式解决共享信道的冲突问题，其效率与共享式以太网的 CSMA/CD 相比在理论上要稍高一点。FDDI 网的环型拓扑结构如图 4-14 所示。

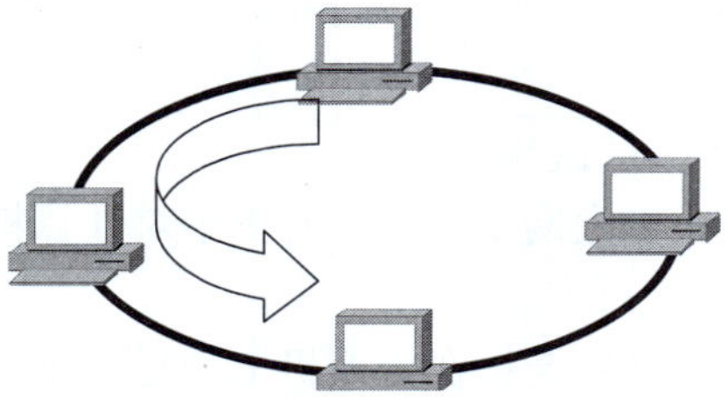

图 4-14　FDDI 网的环型拓扑结构

FDDI 主要用于以下 4 种应用环境。

（1）用于计算机机房中大型计算机和高速外设之间的连接，以及对可靠性、传输速度与系统容错要求较高的环境。

（2）用于连接大量的小型机、工作站、个人计算机与各种外设。

（3）用于校园网的主干网，连接分布在校园内各个建筑物中的小型机、服务器、工作站和个人计算机以及多个局域网。

（4）用于多校园的主干网，连接地理位置相距几千米的多个校园网和企业网，成为一个区域性的互连多个校园网和企业网的主干网。

5. ATM 网络

ATM 网络采用基于信元的异步传输模式和虚电路结构，从根本上解决了多媒体的实时性及带宽问题，实现面向虚链路的点到点传输。它通常提供 155Mb/s 的带宽，既提供了话务通信中电路交换的“有连接”服务和服务质量保证，又满足了以太网、FDDI 等传统网络中带宽可变、适合于突发性传输的要求，从而成为适用范围很广、技术很先进、传输效果理想的网络互连手段。ATM 技术具有如下特点。

（1）实现网络传输有连接服务，保证服务质量。

（2）交换吞吐量大、带宽利用率高。

（3）具有灵活的组网拓扑结构和负载平衡能力，伸缩性、可靠性极高。

（4）ATM 是可同时应用于局域网、广域网两种网络应用领域的网络技术，将局域网与广域网技术进行了统一。

6. 无线局域网

计算机网络涉及计算机和通信两个领域。在传统的有线局域网中，计算机等设备被网络连线紧紧牵制着而无法实现可移动的通信，更无法发挥便携式计算机的通信功能。随着局域网的应用领域不断拓宽和现代通信方式的不断变化，尤其是移动和便携式通信的发展，无线局域网（WLAN）便应运而生。

就无线局域网本身而言，其组建过程是非常简单的。当一块无线网卡与无线 AP（或是另一块无线网卡）建立连接并实现数据传输时，一个无线局域网便完成了组建过程。

然而考虑到实际应用方面，数据共享并不是无线局域网的唯一用途，大部分用户（包括企业和家庭）所希望的是一个能够接入 Internet 并实现网络资源共享的无线局域网。此时，Internet 的连接方式以及无线局域网的配置则在组网过程中显得尤为重要。

对于家庭无线局域网的组建，最简单的莫过于两台安装有无线网卡的计算机实现无线互联，其中一台计算机还连接着 Internet，如图 4-15 所示。

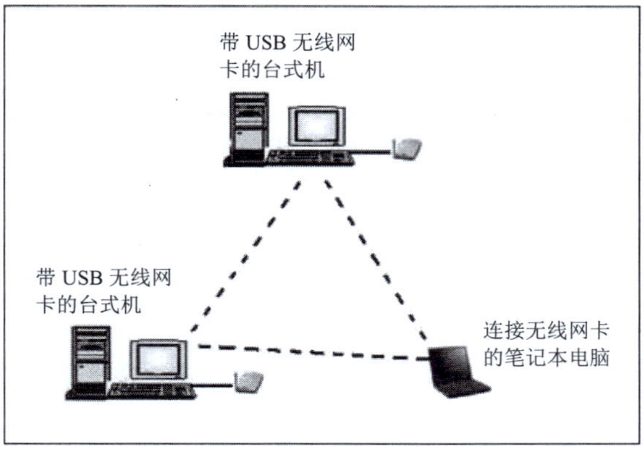

图 4-15　家庭无线局域网示意图

这样，一个基于 Ad-Hoc（没有中央接入点/路由器的无线网络框架）结构的无线局域网便完成了组建。但其缺点是范围小、信号差、功能少、使用不方便。

无线接入点（Access Point，AP）的加入，则丰富了组网的方式，并在功能及性能上满足了家庭无线组网的各种需求。随着技术的发展，AP 已不再是单纯的连接“有线”与“无线”的桥梁，带有各种附加功能的 AP 产品层出不穷，给目前多种多样的家庭宽带接入方式提供了有力的支持。图 4-16 所示为无线局域网示意图。下面从上网类型入手来看看家庭无线局域网的组网方案。

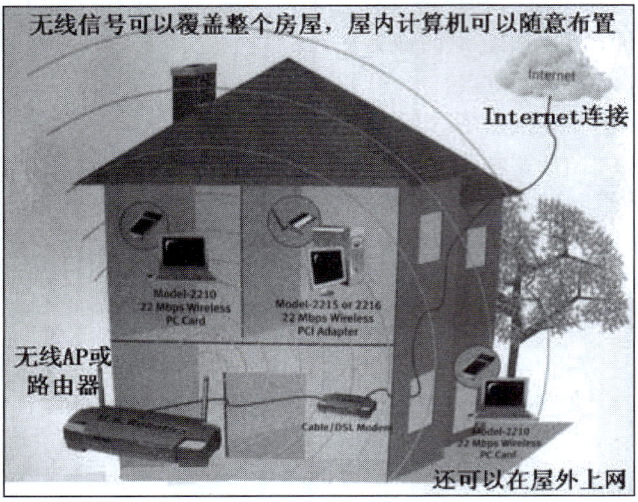

图 4-16　无线局域网示意图

（1）普通电话线拨号上网。如果家庭采用的是 56K Modem 的拨号上网方式，无线局域网的组建必须依靠两台以上装备了无线网卡的计算机才能完成。其中一台计算机充当网关，用来拨号，其他的计算机则通过接收无线信号来达到“无线”的目的。在这种方式下，如果计算机的数量只有两台，无线 AP 可以省略，两台计算机的无线网卡直接相连即可连通组成局域网。当然，网络的共享还需在接入 Internet 的那台计算机上安装 WinGate 等网关类软件。此时细心的读者会发现，这种无线局域网的组建与有线网络非常相似，都是用一台计算机做网关，唯一的不同就是用无线传输替代了传统的有线传输而已。图 4-17 所示为传统的 Modem 拨号接入网络示意图。

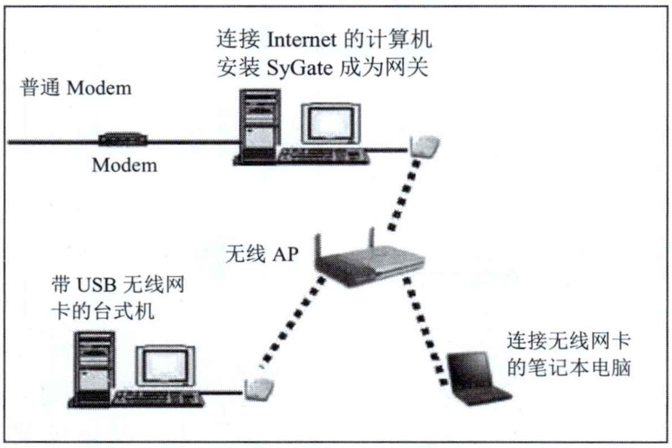

图 4-17　传统的 Modem 拨号接入网络

（2）以太网宽带接入。以太网宽带接入方式是目前许多居民小区所普遍采用的，其方式为所有用户都通过一条主干线接入 Internet，每个用户均配备个人的私有 IP 地址，用户只需将小区所提供的接入端（一般是一个 RJ-45 网卡接口）插入计算机中，设置好小区所分配的 IP 地址、网关以及 DNS 后即可连入 Internet。从过程及操作上来看，这种接入方式的无线组网过程十分简便，一般情况下只需将 Internet 接入端插入 AP 中，设置无线网卡为“基站模式”，分配好相应的 IP 地址、网关、DNS 即可。图 4-18 所示为以太网宽带接入方式接入网络示意图。

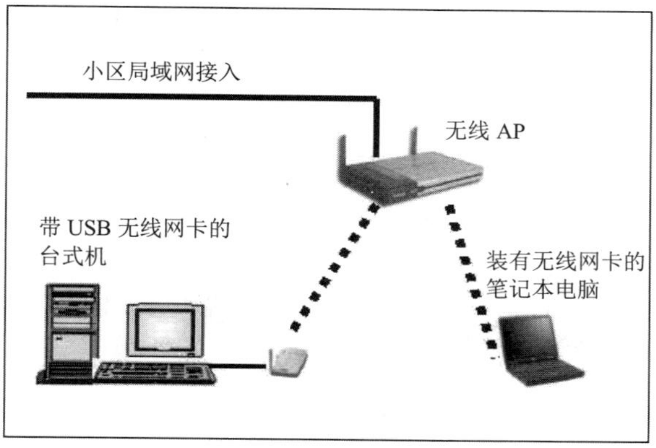

图 4-18　以太网宽带接入方式接入网络

（3）虚拟拨号+局域网。这类宽带接入方式与以太网宽带接入方式非常类似，ISP 将网线直接连接到用户家中，不同的是，用户需要用虚拟拨号软件进行拨号，从而获得公有 IP 地址方可连接 Internet。对于这种宽带接入方式，最理想的无线组网方案是采用一个无线路由器（Wireless Router）作为网关进行虚拟拨号，所有的无线终端都通过它来连接 Internet，使用起来十分方便。图 4-19 所示为虚拟拨号方式接入网络示意图。

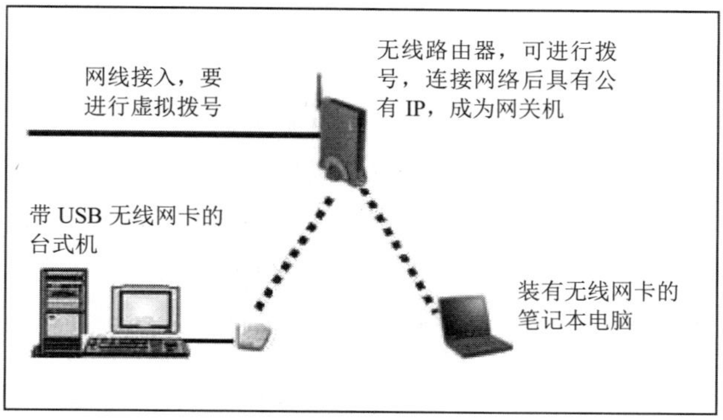

图 4-19　虚拟拨号方式接入网络

用户有时会将 AP 与 Wireless Router 混淆。一般而言，普通 AP 没有路由功能，它只能起到单纯的网关作用，即把有线网络与无线网络简单地连接起来，其本身也不带交换机功能。而 Wireless Router 则是带了路由功能的 AP，相当于有线网络中的交换机，并且带有虚拟拨号的 PPPoE 功能，可以直接存储进行拨号的用户名和密码，能够直接和 DSL Modem 连接。另外，在网络管理能力上，Wireless Router 也要优于普通 AP。但通常情况下，人们把 AP 和 Wireless

Router 统称为无线 AP。

（4）DSL Modem 接入。DSL Modem 接入方式是目前非常普及的宽带接入方式，也是中国电信的宽带接入方式，用户只需一块有线网卡，通过网线连接以太接口的 DSL Modem 进行虚拟拨号连接上网，如图 4-20 所示。在这种宽带接入方式下，组网方案根据 DSL Modem 是否支持路由而分为两类。

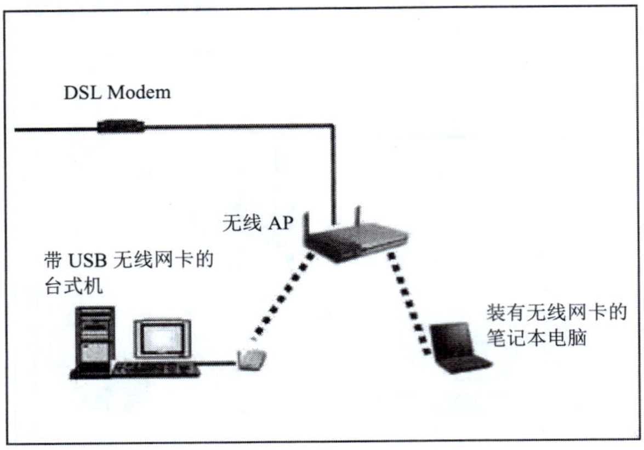

图 4-20　DSL Modem 接入网络

1）DSL Modem 不支持路由模式，无法进行独立拨号。这种情况下的组网方式基本与“局域网+虚拟拨号”方式相同，需要无线路由器的支持。另外需要注意的是，无线路由器应通过网线连接在 DSL Modem 的下端。

2）DSL Modem 支持路由的模式，作为单独的网关进行拨号并占有公有 IP 地址。此时，一个普通的 AP 的接入即可满足需要，所有无线终端的网关都指向 DSL Modem 的 IP 地址。

练一练（单选题）

1．局域网中，提供并管理共享资源的计算机称为（　　）。

A．网桥　　B．网关　　C．服务器　　D．工作站

2．“千兆以太网”通常是一种高速局域网，其网络数据传输速率大约为（　　）。

A．1000000 位/秒　　B．1000000000 位/秒

C．1000000 字节/秒　　D．1000000000 字节/秒

3．按照网络的拓扑结构划分，以太网（Ethernet）属于（　　）。

A．总线型网络结构　　B．树型网络结构

C．网状型网络结构　　D．环形网络结构

4．若要将计算机与局域网连接，至少需要具有的硬件是（　　）。

A．集线器　　B．网关　　C．网卡　　D．路由器

5．计算机网络分为局域网、城域网和广域网，下列属于局域网的是（　　）。

A．ChinaDDN 网　　B．Novell 网　　C．ChinaNet 网　　D．Internet

6．调制解调器（Modem）的主要技术指标是数据传输速率，它的度量单位是（　　）。

A．MIPS　　B．Mb/s　　C．dpi　　D．KB

7. 局域网中的硬件主要包括工作站、网络适配器、传输介质和（　　）。

A. Modem　　B. 交换机　　C. 打印机　　D. 中继站

4.3　计算机广域网

广域网（WAN）是在一个广泛范围内建立的计算机通信网。广泛的范围是指地理范围，可以超越一个城市、一个国家，甚至于全球。因此，广域网对通信质量的要求高，复杂性也高。

在实际应用中，广域网可与局域网（LAN）互连，即局域网可以是广域网的一个终端系统。广域网的拓扑结构如图 4-21 所示。组织广域网，必须按照一定的网络体系结构和相应的协议进行，以实现不同系统的互连和相互协同工作。

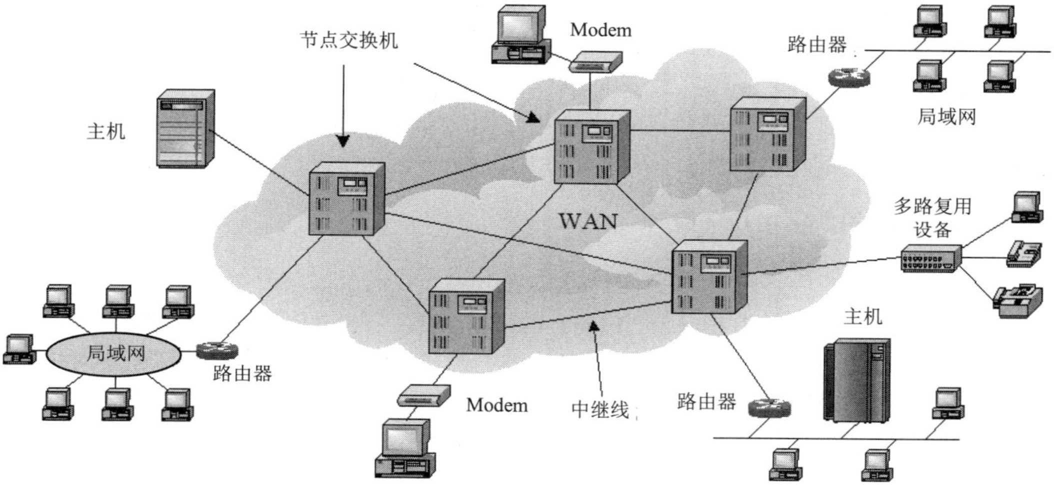

图 4-21　广域网的拓扑结构

4.3.1　电话交换网

公用电话交换网（PSTN）是向公众提供电话通信服务的一种通信网，也可以利用 Modem 进行数据通信，如图 4-22 所示。

图 4-22　PSTN 通信系统

PSTN 是面向连接的，就是说通信之前必须通过指令在通信双方寻找一条路由，建立一条连接。用户通过电话线接入 PSTN，用户线上是模拟传输；用户可以使用 Modem 通过 PSTN 实现数据通信，但这种数据通信速率非常有限，它取决于 Modem 的性能和电话线的质量。我国大部分电话线能支持的通信速率为 56kb/s。图 4-23 所示为通过 PSTN 接入网络的示意图。

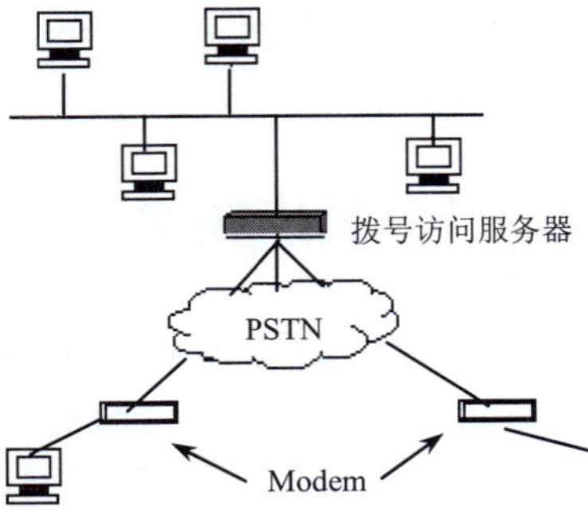

图 4-23　通过 PSTN 接入网络

PSTN 采用时隙复用的电路交换方式。目前我国 PSTN 已全部实现了数字交换，交换机内一个时隙对应 64kb/s 的速率，因此只能实现 64kb/s 数据通信，更高速率的业务只有通过多条 64kb/s 连接进行数据通信。如 PSTN 向用户提供的租用专线服务，可通过基带 Modem 达到 64kb/s 的通信速率。

PSTN 虽然不太适合数据通信，但由于用户网络非常普及以及用户对它的熟悉程度非常高，早期国内个人上网相当一部分采用的是 PSTN 拨号上网方式。

4.3.2　不对称的数字用户环线

1. xDSL 概述

xDSL 是 DSL（Digital Subscriber Line）的通称。数字用户线路是以电话线为传输介质的传输技术组合。DSL 技术在传统的电话网络（PSTN）的用户环路上支持对称和不对称传输模式，解决了接入最终用户间的“最后 1 千米”传输瓶颈问题。在 xDSL 中，x 代表不同种类的数字用户线路技术，其区别主要表现在信号的传输速率和传输距离上。xDSL 技术主要分为对称和不对称两类。

2. ADSL

ADSL 是一种非对称的 DSL 技术，所谓非对称是指用户线的上行速率与下行速率不同，上行速率低，下行速率高，特别适合传输多媒体信息业务，如视频点播（VOD）、多媒体信息检索和其他交互式业务。ADSL 在一对铜线上支持上行速率 640kb/s～1Mb/s，下行速率 1～8Mb/s，有效传输距离在 3～5km 范围。

ADSL 是众多 DSL 技术中较为成熟的一种，其具有带宽较大、连接简单、投资较小的特点，因此发展很快。国内的电信部门在全力推广 ADSL 宽带接入服务，但从技术角度来看，ADSL 对宽带业务来说只能作为一种过渡性方法。

ADSL 的硬件安装非常简单，只要将入户的电话线先连接到滤波分离器的 LINE 口，然后将一条 RJ11 线分别连到滤波分离器的 DSL 口和 ADSL Modem 的 LINE 口，用另一条 RJ11 线连到滤波分离器的 PHONE 口与电话机上。如果是 USB ADSL Modem，最后一步就是用 USB 连线连接 ADSL Modem 与计算机的 USB 口。如果是以太网络 ADSL Modem，最后一步就是用做好的网线连接 ADSL Modem 与计算机的网卡。线路的连接如图 4-24 和图 4-25 所示。

局域网用户的 ADSL 安装与单机用户的安装没有很大区别，只需再多加一个集线器或交换机，用直连网线将集线器交换机与 ADSL Modem 连接起来，USB 终端用户将设备盒内的

USB 线插入计算机的 USB 口即可。

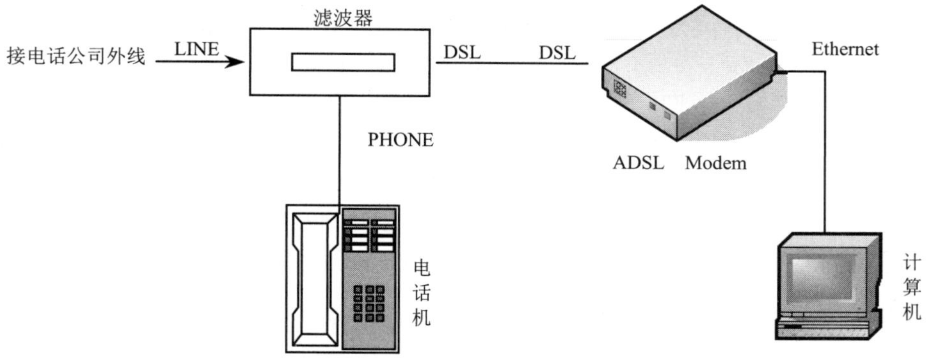

图 4-24　ADSL Modem 的线路连接示意图

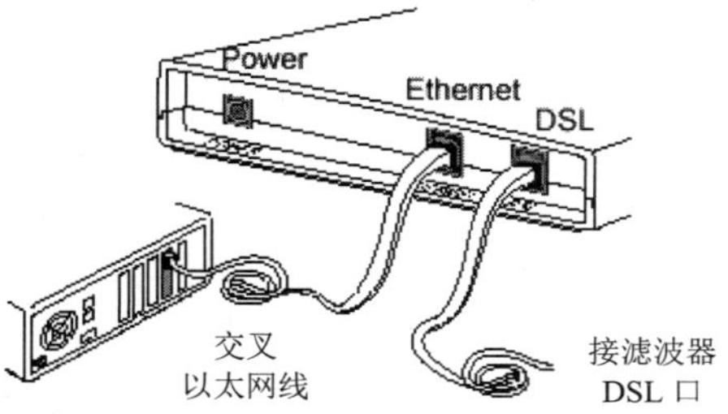

图 4-25　ADSL Modem 与计算机的连接

4.3.3　Cable Modem

1．Cable Modem 概述

电缆调制解调器又名线缆调制解调器，英文名称为 Cable Modem，它是随着网络应用的扩大而发展起来的，主要用于有线电视网进行数据传输。

Cable Modem 与普通的 Modem 在原理上都是将数据进行调制后在 Cable（电缆）的一个频率范围内进行传输，接收数据时对其进行解调，传输机理与普通 Modem 相同，不同之处在于它是通过有线电视 CATV 的某个传输频带进行调制解调的。而普通 Modem 的传输介质在用户与交换机之间是独立的，即用户独享通信介质。Cable Modem 属于共享介质系统，其他空闲频段仍然可用于有线电视信号的传输。

Cable Modem 彻底解决了由于声音图像的传输而引起的阻塞，其速率已达 10Mb/s 以上，下行速率则更高。而传统的 Modem 虽然已经开发出了速率 56kb/s 的产品，但其理论传输极限为 64kb/s，再想提高已不大可能。

Cable Modem 也是组建城域网的关键设备，混合光纤同轴网（HFC）主干线用光纤，光节点小区内用树枝型总线同轴电缆网连接用户，其传输频率可高达 550/750MHz。在 HFC 网中传输数据就需要使用 Cable Modem。

2. Cable Modem 技术原理

Cable Modem 是有线电视进入 Internet 接入市场的法宝。自从 1993 年 12 月，美国时代华纳公司在美国佛罗里达州奥兰多市的有线电视网上进行模拟和数字电视、数据的双向传输试验获得成功后，Cable 技术就成为被看好的接入技术。一方面它理论上可以提供极快的接入速度和相对低的接入费用，另一方面有线电视拥有庞大的用户群。

有线电视公司一般从 42～750MHz 范围的电视频道中分离出一条 6MHz 的信道用于下行传送数据。通常下行数据采用 64QAM（正交调幅）调制方式，最高速率可达 27Mb/s，如果采用 256QAM，最高速率可达 36Mb/s。上行数据一般通过 5～42MHz 范围的一段频谱进行传送。为了有效抑制上行噪声积累，一般选用 QPSK 调制，QPSK 比 64QAM 更适合噪声环境，但速率较低。上行速率最高可达 10Mb/s。

Cable Modem 本身不单纯是调制解调器，它集 Modem、调谐器、加/解密设备、桥接器、网络接口卡、SNMP 代理和以太网集线器的功能于一身。它无须拨号上网，不占用电话线，可永久连接。服务商的设备同用户的 Modem 之间建立了一个 VLAN（虚拟专网）连接，大多数的 Modem 提供一个标准的 10BaseT 以太网接口同用户的 PC 设备或局域网集线器相连。

4.3.4 光纤接入网

光纤接入网是指接入网中传输媒介为光纤的接入网。

由于铜线接入网受一些不可克服因素的限制，使得信息高速公路在用户接入段形成了“瓶颈”。在这种情况下，人们自然想到了光纤，毫无疑问，光纤是接入网的理想传输媒介。为了满足用户的需要，各国根据自己的国情，制订了接入网改造和建设计划，加快研制接入网设备，逐步用光纤取代铜线。由此，光纤接入网得到了迅速发展。

光纤用于接入网主要有以下几个优点。

（1）光纤接入网能满足用户对各种业务的需求。人们对通信业务的要求越来越高，除了打电话、看电视以外，还希望实现高速计算机通信、家庭购物、家庭银行、居家办公、远程医疗诊断、远程教学以及高清晰度电视（HDTV）等功能。这些新业务用铜线双绞线是难以实现的。

（2）光纤可以克服铜线电缆无法克服的一些限制因素。光纤损耗低、频带宽，解除了铜线电缆网径小的限制。此外，光纤不受电磁干扰，保证了信号传输质量，用光缆替换铜线电缆，可以解决城市地下通信管道拥挤的问题。

（3）光纤接入网的性能不断提高，价格不断下降，而铜缆的价格却在不断上涨。

（4）光纤接入网提供数字业务，有完善的监控和管理系统，能适应宽带综合业务数字网（B-ISDN）的需要，打破“瓶颈”，使信息高速公路畅通无阻。

根据光纤深入用户群的程度，可将光纤接入网分为 FTTC（光纤到路边）、FTTZ（光纤到小区）、FTTB（光纤到大楼）、FTTO（光纤到办公室）和 FTTH（光纤到户），它们统称为 FTTx。FTTx 不是具体的接入技术，而是光纤在接入网中的推进程度或使用策略。

很多大城市商业区正在逐步实现将光纤铺设到大楼，并要尽早实现光纤到办公室、光纤到桌面，新开发区的新建线路直接采用光纤，已实现光纤到路边。而在有些城市住宅区和乡村，铜线电缆还要持续使用一段时间，但“光纤到家”是接入网发展的最终目标。一般来说，实现“光纤到家”的成本很高，一般国家都是先发展光纤到用户附近的路边（FTTC）和光纤到大楼（FTTB），然后再向光纤到家（FTTH）过渡。

练一练（单选题）

1．广域网中采用的交换技术大多是（　　）。

A．电路交换　　　　B．报文交换

C．分组交换　　　　D．自定义交换

2．以下上网方式中采用无线网络传输技术的是（　　）。

A．ADSL　　　　B．Wi-Fi

C．拨号接入　　　　D．全部都是

3．为实现以 ADSL 方式接入 Internet，至少需要在计算机中内置或外置的一个关键硬件设备是（　　）。

A．网卡　　　　B．集线器　　　　C．服务器　　　　D．调制解调器

4．调制解调器（Modem）的功能是（　　）。

A．将计算机的数字信号转换成模拟信号

B．将模拟信号转换成计算机的数字信号

C．将数字信号与模拟信号互相转换

D．使上网与接电话两不误

5．用综合业务数字网（又称“一线通”）接入因特网的优点是上网通话两不误，它的英文缩写是（　　）。

A．ADSL　　　　B．ISDN　　　　C．ISP　　　　D．TCP

6．能够利用无线移动网络上网的是（　　）。

A．内置无线网卡的笔记本电脑　　　　B．部分具有上网功能的手机

C．部分具有上网功能的平板电脑　　　　D．全部

4.4　因特网

因特网是 Internet 的中文译名，是一组全球信息资源的总汇，它由三级子网组成，分别是主干网、地区网和校园网（企业网）。因特网结构示意图如图 4-26 所示。

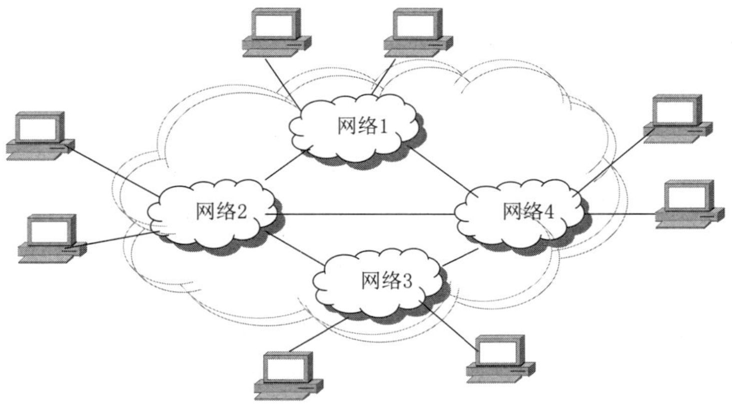

图 4-26　因特网结构示意

4.4.1 因特网的发展

因特网的前身是美国国防部高级研究计划局（ARPA）主持研制的 ARPAnet。

20 世纪 60 年代末，美国军方为了使自己的计算机网络在受到袭击时，即使部分网络被摧毁，其余部分仍能保持通信联系，便由美国国防部的高级研究计划局（ARPA）建设了一个名为“阿帕网”（ARPAnet）的军用网。阿帕网于 1969 年正式启用，当时仅连接了 4 台计算机，供科学家们进行计算机联网实验用，这就是因特网的前身。

到了 20 世纪 70 年代，ARPAnet 已经有了好几十个计算机网络，但是每个网络只能在网络内部的计算机之间互联通信，不同计算机网络之间仍然不能互通。为此，ARPA 又设立了新的研究项目，支持学术界和工业界进行有关的研究。研究的主要内容就是用一种新的方法将不同的计算机局域网互联，形成“互联网”，研究人员称之 Internetwork，简称 Internet，这个名词就一直沿用到现在。

ARPA 在 1982 年接受了 TCP/IP 协议，选定 Internet 为主要的计算机通信系统，并使其他的军用计算机网络都采用 TCP/IP 协议。1983 年，ARPAnet 分成两部分：一部分军用，称为 MILNET；另一部分仍称 ARPAnet，供民用。

1986 年，美国国家科学基金组织（NSF）将分布在美国各地的 5 个为科研教育服务的超级计算机中心互联，并支持地区网络，形成 NSFnet。1988 年，NSFnet 替代 ARPAnet 成为 Internet 的主干网。NSFnet 主干网利用了在 ARPAnet 中已证明是非常成功的 TCP/IP 技术，准许各大学、政府或私人科研机构的网络加入。1989 年，ARPAnet 解散，Internet 从军用转向民用。

今天的 Internet 已不再是计算机人员和军事部门进行科研的领域，而是变成了一个开发和使用信息资源的覆盖全球的信息海洋。在 Internet 上，按从事的业务分类包括了广告公司、航空公司、农业生产公司、艺术、导航设备、书店、化工、通信、计算机、咨询、娱乐、财贸、各类商店、旅馆等 100 多类，覆盖了社会生活的方方面面，构成了一个信息社会的缩影。

然而 Internet 也有其固有的缺点，如网络无整体规划和设计、网络拓扑结构不清晰以及容错及可靠性的缺乏等，而这些缺点对于商业领域的很多应用却是至关重要的。安全性问题是困扰 Internet 用户发展的另一主要因素。虽然现在已有不少的方案和协议来确保 Internet 上的联机商业交易的可靠进行，但真正适用并将主宰市场的技术和产品目前尚不明确。另外，Internet 是一个无中心的网络。所有这些问题都在一定程度上阻碍了 Internet 的发展，只有解决了这些问题，Internet 才能更好地发展。

4.4.2 因特网的服务

因特网上所提供的服务功能已达上万种，其中很多服务是免费提供的。随着因特网向商业化方向发展，很多服务被商业化的同时，所能提供的服务种类也进一步快速增长。常见的服务有以下几种。

（1）电子邮件。电子邮件服务（E-mail）是因特网上使用最频繁的服务之一，为因特网用户之间发送和接收消息提供了一种快捷、廉价的现代化通信手段，在国际之间的交流中发挥着重要的作用。图 4-27 所示为电子邮件系统的组成示意图。

早期的电子邮件系统只能传输西文文本信息，而今的电子邮件系统不但可以传输各种文字和各种格式的文本信息，而且还可以传输图像、声音、视频等多种信息，使电子邮件成为多媒体信息传输的重要手段之一。而且，多数因特网用户对因特网的了解都是从收发电子邮件开始的。

图 4-27　电子邮件系统的组成示意

电子邮件之所以受到广大用户的喜爱，是因为与传统的通信方式相比，它具有明显的优点。

- 电子邮件比人工邮件传递迅速，可达到的范围广，而且比较可靠。
- 电子邮件与电话系统相比，它不要求通信双方都在场，而且不需要知道通信对象在网络中的具体位置。
- 电子邮件可以实现一对多的邮件传送，这样可以使得一位用户向多人发出通知的过程变得很容易。
- 电子邮件可以将文字、图像、语音等多种类型的信息集成在一个邮件中进行传送，因此它将成为多媒体信息传送的重要手段。

完整的电子邮件地址由两部分组成，第一部分为用户名，第二部分为邮件服务器名。一种广泛使用的格式是用@隔开这两部分，例如，abc@yahoo.com.cn。

常见的电子邮件协议如下：

- SMTP 协议。SMTP（Simple Mail Transfer Protocol，简单邮件传输协议）是 Internet 上基于 TCP/IP 应用层的协议，适用于主机之间电子邮件的交换。
- POP3。POP3（Post Office Protocol version 3，邮局协议版本 3）是 TCP/IP 的基本协议之一。
- MIME。MIME（Multipurpose Internet Mail Extensions，多用途 Internet 邮件扩展协议）是一种编码标准，解决了 SMTP 协议仅能传送 ASCII 码文本的限制。

（2）文件传输。文件传输服务（FTP）是因特网中最早的服务功能之一，目前仍在广泛使用。FTP 服务为计算机之间双向文件传输提供了一种有效的手段。它允许用户将本地计算机中的文件上传到远端的计算机中，或将远端计算机中的文件下载到本地计算机中。

FTP 服务主要提供软件下载服务、Web 网站更新服务以及不同类型计算机间的文件传输服务。

1）软件下载服务。FTP 使用两个端口进行传输，一个端口用于发送文件，另一个端口则用于接收文件。用户登录至 FTP 服务器后，系统界面将直接显示服务器上所有的文件夹和文件列表，用户可以像在 Windows 资源管理器中那样浏览网站的目录结构，并根据自己的需要直接下载。当需要向 FTP 站点添加软件时，网络管理员只需将其放至相应的下载目录下即可。

2）Web 网站更新。将 Web 站点的主目录设置为 FTP 站点的主目录，并为该目录设置访问权限，即可利用安装有 FTP 客户端的远程计算机向 Web 站点上传修改过的 Web 页，并对目录结构作必要的调整。

3）不同类型计算机间的文件传输。FTP 是与平台无关的，也就是说，无论是什么样的计算机，无论使用什么操作系统，只要计算机安装有 TCP/IP 协议，那么这些计算机之间即可实现通信。

（3）远程登录。远程登录服务（Telnet）指一台计算机根据一定的协议，通过网络连接到另一台计算机上去，登录成功后，则可以与其进行交互性的信息资源共享。

利用因特网提供的远程登录服务可以实现以下功能。

1）本地用户与远程计算机上运行的程序相互交互。

2）用户登录到远程计算机后，可以执行远程计算机上的任何应用程序（只要该用户具有足够的权限），并且能屏蔽不同型号计算机之间的差异。

3）用户可以利用个人计算机去完成许多只有大型计算机才能完成的任务。

有人容易将 FTP 与 Telnet 混淆，实际上 Telnet 是将用户的计算机当成远程计算机的一个终端，用户完成远程登录后，具有远程计算机的本地管理员赋予用户的权限。FTP 则没有给予用户这种权限，它只允许用户对远程计算机上的文件进行有限的操作，如查看文件、交换文件及文件下载等。

（4）万维网。万维网（WWW）是因特网上使用最广泛的一种服务。WWW 是 World Wide Web 的英文缩写，译为“万维网”或“全球信息网”。

WWW 服务的基础是 Web 页面，每个服务站点都包括若干个相互关联的页面，每个 Web 页既可展示文本、图形图像和声音等多媒体信息，又可提供一种特殊的链接点。WWW 服务采用客户机/服务器工作模式。它以超文本标记语言 HTML（Hyper Text Markup Language）与超文本传输协议 HTTP（Hyper Text Transfer Protocol）为基础，为用户提供界面一致的信息浏览系统。

在 WWW 服务系统中，信息资源以页面（也称网页或 Web 页）的形式存储在服务器（通常称为 Web 站点）中，这些页面采用超文本方式对信息进行组织，通过链接将一页信息链接到另一页信息，这些相互链接的页面信息既可放置在同一主机上，也可放置在不同的主机上。

页面到页面的链接信息由统一资源定位器 URL（Uniform Resource Locators）维持，用户通过客户端应用程序即浏览器向 WWW 服务器发出请求，服务器根据客户端的请求内容将保存在服务器中的某个页面返回给客户端，浏览器接收到页面后对其进行解释，最终将图、文、声并茂的画面呈现给用户。

一个 URL 包括了以上所有的信息，构成格式如下所示：

protocol://machine.name[:port]/directory/filename

综上所述，因特网为我们提供的服务主要是电子邮件、文件传输、远程登录以及万维网等。除此之外，因特网还有一些其他的服务，如电子公告板（BBS）、新闻组（USENET）和聊天室等。为了帮助用户从浩瀚的信息海洋中方便地获取信息，人们又开发了一系列的信息检索服务。

4.4.3 IP 地址及域名

1. IP 地址的结构、分类

IP 协议第 4 版（IPv4）规定，IP 地址用 32 个二进制位，即 4 个字节来表示。为了表示方便，通常采用“点分十进制数”的格式来表示，即将每个字节用其等值的十进制数字来表示，每个字节间用点号“.”来分隔。32 位的 IP 地址结构由网络标识和主机号两部分组成，如图 4-28 所示。其中，网络标识用于标识该主机所在的网络，而主机号则表示该主机在相应网络中的特定位置。

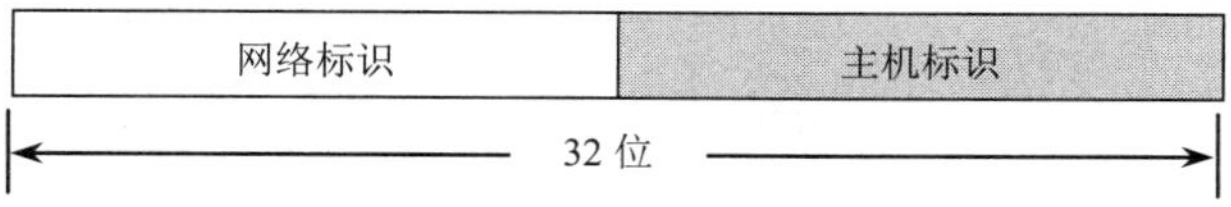

图 4-28　IP 地址的结构

由于 32 位的 IP 地址不太容易书写和记忆，通常又采用带点十进制标识法（Dotted Decimal Notation）来表示 IP 地址。在这种格式下，将 32 位的 IP 地址分为 4 个 8 位组，每个 8 位组以一个十进制数表示，取值范围为 0～255，代表相邻 8 位组的十进制数以小圆点分隔，所以点分十进制表示的最低 IP 地址为 0.0.0.0，最高 IP 地址为 255.255.255.255。例如，IP 地址 11010010 00001111 00000010 01111011 可以表示为 210.15.2.123。

为适应不同规模的网络，可将 IP 地址分类，称为有类地址。每个 32 位的 IP 地址的最高位或起始几位标识地址的类别，通常 IP 地址被分为 A、B、C、D、E 五类，如图 4-29 所示。其中 A、B、C 类作为普通的主机地址，D 类用于提供网络组播服务或作为网络测试之用，E 类保留给未来扩充使用。

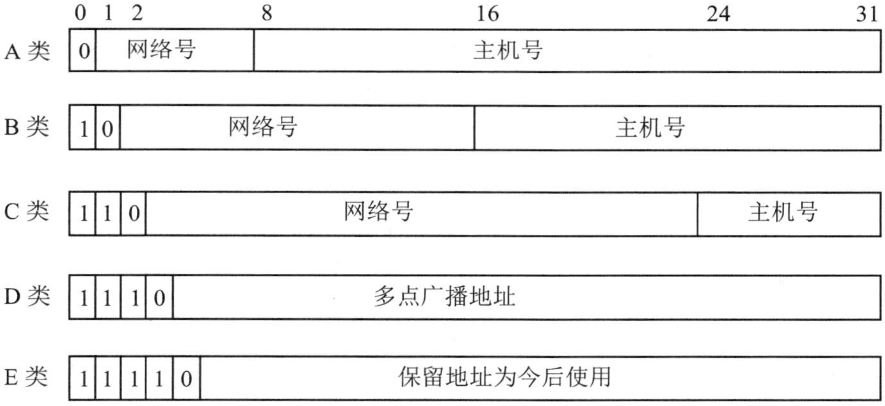

图 4-29　IP 地址的分类

A、B、C 三类常用 IP 地址的类别及其规模见表 4-1。

表 4-1　A、B、C 三类常用 IP 地址的类别及其规模

类别	第一字节范围	网络地址长度	最大主机数目	适用网络规模
A	1～126	1 个字节	16777214	大型网络
B	128～191	2 个字节	65534	中型网络
C	192～223	3 个字节	254	小型网络

2. 保留 IP 地址

（1）网络地址。网络地址用于表示网络本身，具有正常的网络号部分，主机号部分为全 0 的 IP 地址代表一个特定的网络，即作为网络标识之用，如 102.0.0.0、138.1.0.0 和 198.10.1.0 分别代表了一个 A 类、B 类和 C 类网络。

（2）广播地址。广播地址用于向网络中的所有设备广播分组，具有正常的网络号部分，主机号部分为全 1 的 IP 地址代表一个在指定网络中的广播，被称为广播地址，如 102.255.255.255、138.1.255.255 和 198.10.1.255 分别代表在一个 A 类、B 类和 C 类网络中的广播。

3. 主机域名

在用户与 Internet 上的某个主机通信时，虽然 1 个 IP 地址还算简单，但当要与多个 Internet 上的主机进行通信时，单纯用数字表示的多个 IP 地址则非常难以记忆，能不能用一个有意义的名称来给主机命名，而且它还有助于记忆和识别呢？于是就产生了域名方案，即只要用户输入一个主机名，计算机会很快地将其转换成机器能识别的二进制 IP 地址。例如，Internet 或 Intranet 的某一个主机，其 IP 地址为 192.168.0.1，按照这种域名方式可用一个有意义的名字 www.myweb.com 来代替。

为了避免主机名字的重复，因特网将整个网络的名字空间划分为许多不同的域，每个域又划分为若干子域，子域又可分成许多子域，所有入网主机的名字即由一系列的“域”及其“子域”组成，子域的个数通常不超过 5 个，并且子域之间用“.”分隔，从左到右级别逐级升高。它的格式为：计算机名.网络名.机构名.最高域名。例如，www.seu.edu.cn 表示中国（cn）教育科研网（edu）中的东南大学校园网（seu）内的一台 Web 服务器。

需要注意的是，域名的构成有以下一些规则。

（1）域名使用的字符可以是字母、数字和连字符，但必须以字母或数字开头并结尾。

（2）整个域名的总长不得超过 255 个字符。

（3）除美国以外，其他国家一般采用国家代码作为第 1 级（顶级）域名，美国通常以机构或行业名作为第 1 级域名。常用的因特网顶级域名见表 4-2。

表 4-2 常用的因特网顶级域名

顶级域名	分配情况
com	商业组织
edu	教育机构
gov	政府部门
mil	军事部门
net	主要网络支持中心
org	上述以外的组织
int	国际组织
国家或地区代码（国家或地区不同，域名不同）	各个国家或地区（国家或地区不同，域名不同）

（4）一台主机只能有一个 IP 地址，但可以有多个域名（用于不同的目的）。主机从一个物理网络移到另一个网络时，其 IP 地址必须更换，但可以保留原来的域名。

4. 域名系统

通常用户上网时，在网页浏览器的地址栏中输入的是域名，而计算机是通过 IP 地址识别所要访问的目标的，所以域名与地址之间需要进行转换。

如果只是一些小规模的网络，要实现域名与地址之间的转换，只要在各计算机上准备好域名与 IP 地址的对应表就万事大吉了。但是因特网上有几亿用户，用这样的对应表来实现域名和 IP 地址的转换显然不现实，因此需要专门制定一套转换方案，域名系统（DNS）应运而生，DNS 域名空间示意图如图 4-30 所示。转换任务由 DNS 服务器来完成，而完成这个任务的过程就称为域名解析。

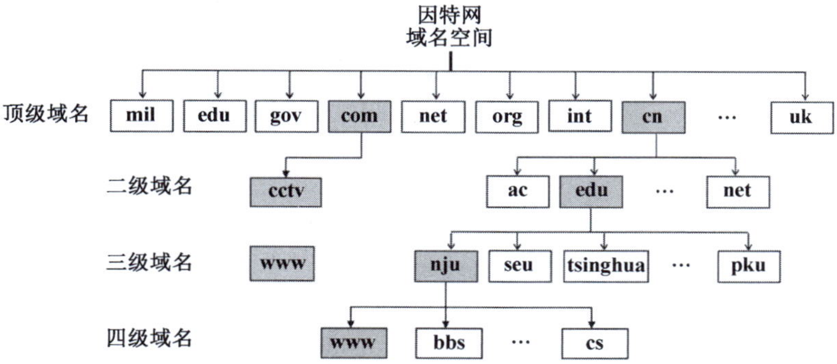

图 4-30　DNS 域名空间示意

5. 路由器的 IP 地址

路由器（Router）属于网络互连设备，作用是将异构网络连接起来，在网络间将信息从源端传送到目的端。路由器可以屏蔽不同网络之间的技术差异，将 IP 包正确送达目的主机，实现不同物理网络之间的无缝连接。图 4-31 所示为路由器工作示意图。路由器中包含路由表，在接收到 IP 包后，路由器按照路由表给出的路由将数据包转发到下一站。

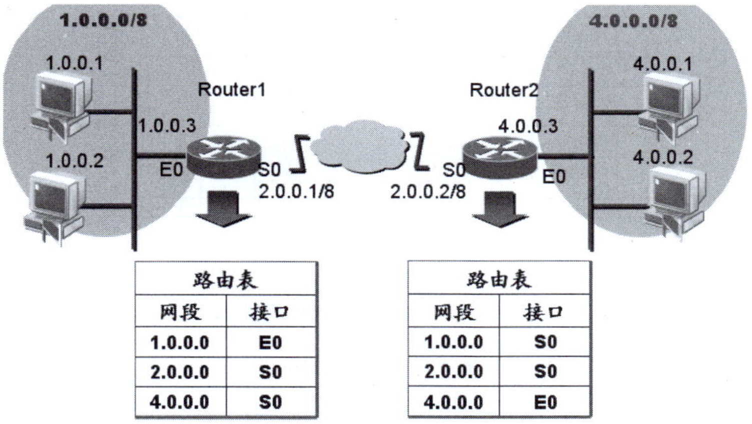

图 4-31　路由器工作示意图

作为网络互连设备，也需要给连接各个网络的路由器分配 IP 地址，而且至少应分配两个以上的 IP 地址，每个端口 IP 地址的类型号和网络号分别与所连的网络相同。

4.4.4　TCP/IP 协议

1. TCP/IP 协议

TCP/IP 协议是因特网的核心协议。该协议并不完全符合 OSI 的 7 层参考模型。传统的开放系统互连参考模型是一种关于通信协议的 7 层抽象的参考模型，其中每一层执行某一特定任务。该模型的目的是使各种硬件在相同的层次上相互通信。这 7 层分别是物理层、数据链路层、网络层、传输层、会话层、表示层和应用层，如图 4-32 所示。

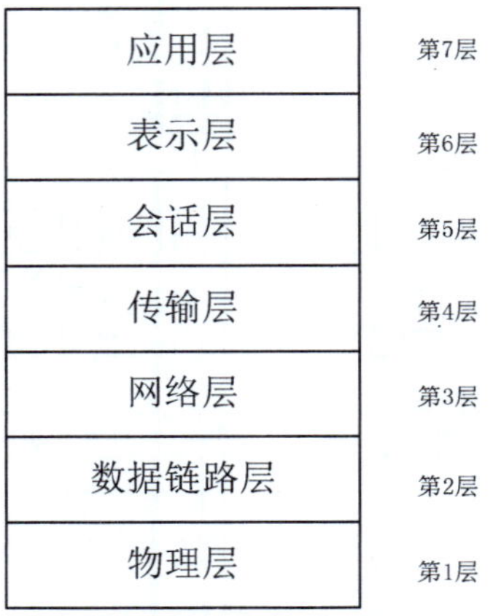

图 4-32　OSI 分层结构

而 TCP/IP 协议采用了 4 层的层次结构，每一层都呼叫它的下一层所提供的网络来完成自己的需求，如图 4-33 所示。

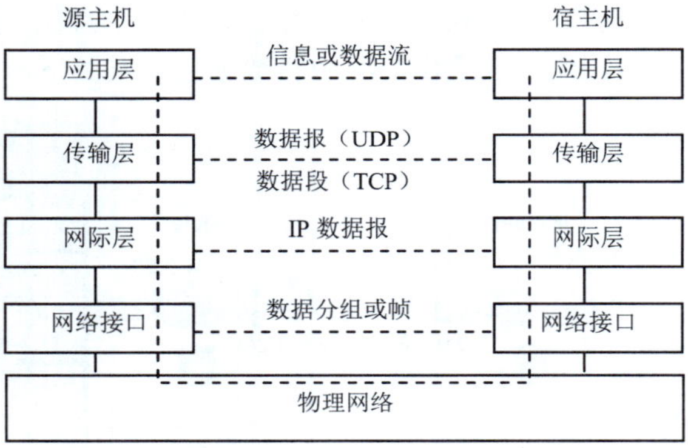

图 4-33　TCP/IP 协议分层结构

（1）网络接口层：对实际的网络媒体的管理，定义如何使用实际网络来传送数据。

（2）网际层：负责提供基本的数据封包传送功能，让每一块数据包都能够到达目的主机（但不检查是否被正确接收），如网际协议（IP）对应于 OSI 的网络层。

（3）传输层：提供了节点间的数据传送服务，如传输控制协议（TCP）、用户数据报协议（UDP）等，对应于 OSI 的传输层；TCP 和 UDP 给数据包加入传输数据并把它传输到下一层中，这一层负责传送数据，并且确定数据已被送达并接收。

（4）应用层：应用程序间沟通的层，如简单电子邮件传输（SMTP）、文件传输协议（FTP）、网络远程访问协议（Telnet）等。

2. TCP/IP 协议的特点

TCP/IP 协议的特点如下：

（1）适用于多种异构网络的互连。底层网络使用的帧或包格式、地址格式等存在很大差别，但通过 IP 协议可以将它们统一起来，使上层协议可以忽略不同物理网络的帧差异，从而实现异构网络的互连。

（2）确保可靠的端一端通信。TCP 协议是确保可靠通信的机制，可以解决数据报丢失、重复、损坏等异常情况，是一种可靠的端一端通信协议。

（3）与操作系统紧密结合。流行的操作系统，如 Windows、UNIX、Linux 等，都已将遵循 TCP/IP 协议的通信软件作为其内核的重要组成部分。

（4）TCP/IP 既支持面向连接服务，也支持无连接服务，有利于在计算机网络上实现基于音频、视频通信的多媒体应用服务。

练一练（单选题）

1．Internet 实现了分布在世界各地的各类网络的互联，其最基础和核心的协议是（　　）。

A．HTTP　　B．FTP　　C．HTML　　D．TCP/TP

2．在因特网上，一台计算机可以作为另一台主机的远程终端，使用该主机的资源，该项服务称为（　　）。

A．Telnet　　B．BBS　　C．FTP　　D．WWW

3．下列关于电子邮件的说法，正确的是（　　）。

A．收件人必须有 E-mail 地址，发件人可以没有 E-mail 地址

B．发件人必须有 E-mail 地址，收件人可以没有 E-mail 地址

C．发件人和收件人都必须有 E-mail 地址

D．发件人必须知道收件人的邮政编码

4．IPv4 地址和 IPv6 地址的位数分别为（　　）。

A．4，6　　B．8，16　　C．16，24　　D．32，128

5．下列关于域名的说法正确的是（　　）。

A．域名就是 IP 地址

B．域名的使用对象仅限于服务器

C．域名完全由用户自行定义

D．域名系统按地址域或机构域分层，采用层次结构

6．主要用于实现两个不同网络互联的设备是（　　）。

A．转发器　　B．集线器

C．路由器　　D．调制解调器

7．假设邮件服务器的地址是 email.bj163.com，则用户正确的电子邮箱地址的格式是（　　）。

A．用户名#email.bj163.com　　B．用户名@email.bj163.com

C．用户名&email.bj163.com　　D．用户名$email.bj163.com

8．域名 ABC.XYZ.COM.CN 中主机名是（　　）。

A．ABC　　B．XYZ　　C．COM　　D．CN

9．目前广泛使用的 Internet，其前身可追溯到（　　）。

A．ARPAnet　　B．CHINANET

C．DECnet　　D．NOVELL

10. 在因特网技术中，缩写 ISP 的中文全名是（　　）。
A. 因特网服务提供商　　B. 因特网服务产品
C. 因特网服务协议　　D. 因特网服务程序

11. 下列各项中，非法的 Internet 的 IP 地址是（　　）。
A. 202.96.12.14　　B. 202.196.72.140
C. 112.256.23.8　　D. 201.124.38.79

12. FTP 是因特网中（　　）。
A. 用于传送文件的一种服务　　B. 发送电子邮件的软件
C. 浏览网页的工具　　D. 一种聊天工具

13. 在 Internet 上浏览时，浏览器和 WWW 服务器之间传输网页使用的协议是（　　）。
A. HTTP　　B. IP　　C. FTP　　D. SMTP

14. 要在 Web 浏览器中查看某一电子商务公司的主页，应知道（　　）。
A. 该公司的电子邮件地址　　B. 该公司法人的电子邮箱
C. 该公司的 WWW 地址　　D. 该公司法人的 QQ 号

15. Internet 中，用于实现域名和 IP 地址转换的是（　　）。
A. SMTP　　B. DNS　　C. FTP　　D. HTTP

4.5　物联网

4.5.1　物联网的基本概念及特征

1. 物联网的概念

物联网（Internet of Things，IOT）是指把所有物品通过射频识别（RFID）、红外感应器、全球定位系统、激光扫描器等信息传感设备与互联网连接起来，进行信息交换，即物物相息，以实现智能化识别和管理。其目的是实现物与物、物与人及所有的物品与网络的连接，方便识别、管理和控制。IOT 的概念模型如图 4-34 所示。

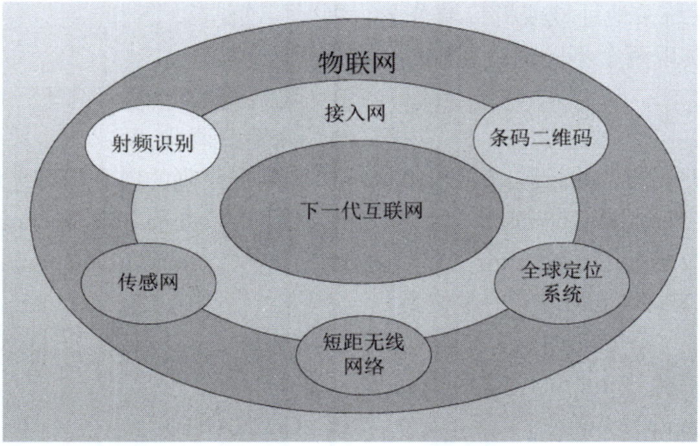

图 4-34　IOT 的概念模型

对于物联网的定义有两个基本点：

（1）物联网的核心和基础仍然是互联网，是基于互联网的延伸和扩展。

（2）物联网终端延伸和扩展到了任何物品与物品之间，并试图进行物与物之间的信息交换。

2. 物联网的特征

（1）物联网是各种感知技术的广泛应用。物联网上部署了海量的多种类型的传感器，每个传感器都是一个信息源，不同类别的传感器所捕获的信息内容和信息格式不同。传感器获得的数据具有实时性，按一定的频率周期采集环境信息，不断更新数据。

（2）物联网是一种建立在互联网上的泛在网络。物联网技术的重要基础和核心仍是互联网，通过各种有线和无线网络与互联网融合，将物体的信息实时准确地传递出去。在物联网上传感器定时采集的信息需要通过网络传输，由于其数量庞大，形成了海量信息，在传输过程中，为了保障数据的正确性和及时性，必须适应各种异构网络和协议。

（3）物联网不仅仅提供了传感器的连接，其本身也具有智能处理能力，能够对物体实施智能控制。物联网将传感器和智能处理相结合，利用云计算、模式识别等各种智能技术，扩充其应用领域。对从传感器获得的海量信息进行分析、加工和处理，整理出具有意义的数据，以适应不同用户的不同需求，并可发现新的应用领域和应用模式。

4.5.2 物联网的系统结构

物联网的系统结构主要包含 4 层架构，如图 4-35 所示。

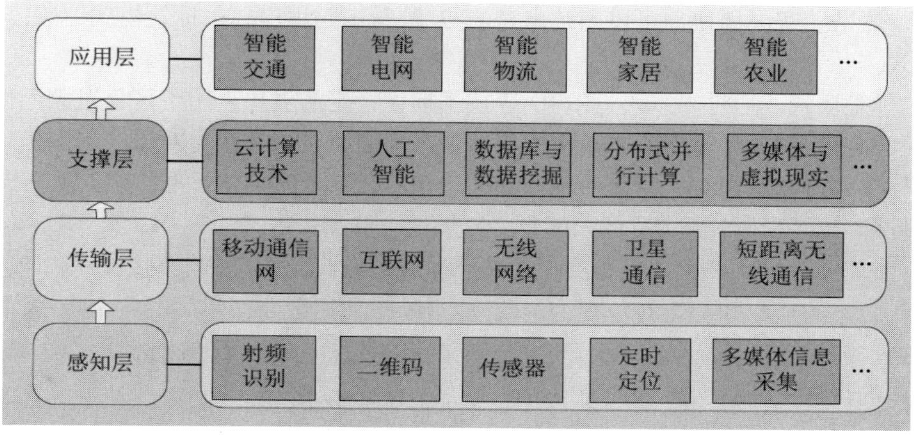

图 4-35 物联网的系统框图

1. 感知层

感知层由各种传感器构成，包括温湿度传感器、二维码标签、RFID 标签和读写器、摄像头、红外线、GPS 等感知终端。物联网识别物体、采集信息，实现全面感知，即利用 RFID、传感器、二维码等可随时随地获取物体的信息。

感知层主要用于采集物理世界中发生的物理事件及相应的数据，包括各类物理量、标识、音频数据和视频数据。物联网的数据采集涉及传感器、RFID、多媒体信息采集、二维码和实时定位等技术。

2. 传输层

传输层的目的是可靠传递，通过各种电信网络与互联网的融合，将物体的信息实时准确地传递出去。

传输层的主要功能是直接通过现有互联网（IPv4/IPv6 网络）、移动通信网（如：GSM、TD-SCDMA、WCDMA、CDMA、无线接入网、无线局域网等）、卫星通信网等基础网络设施，对来自感知层的信息进行接收和传输。

3. 支撑层

支撑层的功能是进行智能处理，利用云计算、模糊识别等各种智能计算技术，对海量数据和信息进行分析和处理，对物体实施智能化的控制。支撑层主要的系统设备包括：大型计算机群、海量网络存储设备、云计算设备等。支撑层利用了各种智能处理技术、高性能分布式并行计算技术、海量存储与数据挖掘技术、数据管理与控制等多种现代计算机技术。

4. 应用层

应用层利用经过分析处理的感知数据，为用户提供丰富的服务。应用层中包括各类用户界面显示设备以及其他管理设备等。应用层根据用户的需求可以面向各类行业实际应用的管理平台和运行平台，并根据各种应用的特点集成相关的内容服务，如：智能交通系统、环境监测系统、远程医疗系统、智能工业系统、智能农业系统、智能校园等。

4.5.3 物联网的应用

1. 物联网的应用模式

根据物联网的实际用途，可以归结出它的 3 种基本应用模式：标签模式、监控跟踪模式和控制模式。

（1）标签模式。通过二维码、RFID 等技术标识特定的对象，用于区分对象个体。例如，在生活中我们使用的各种智能卡。条码标签的基本用途就是用来获得对象的识别信息。此外，通过智能标签还可以获得对象物品所包含的扩展信息，例如智能卡上的金额余额，二维码中所包含的网址和名称等。

（2）监控跟踪模式。利用多种类型的传感器和分布广泛的传感器网络，可以实现对某个对象的实时状态的获取和特定对象行为的监控。例如，使用分布在市区的各个噪声探头监测噪声污染，通过二氧化碳传感器监控大气中二氧化碳的浓度，通过 GPS 标签跟踪车辆位置，通过交通路口的摄像头捕捉实时交通流量等。

（3）控制模式。物联网基于云计算平台和智能网络，可以依据传感器网络用获取的数据进行决策，通过改变对象的行为进行控制和反馈。例如，根据光线的强弱调整路灯的亮度，根据车辆的流量自动调整红绿灯的间隔等。

2. 物联网的典型应用

物联网通过智能感知、识别技术与普适计算等通信感知技术，广泛应用于网络的融合中，也因此被称为继计算机、互联网之后世界信息产业发展的第三次浪潮。物联网具有非常广泛的用途，可大体概括为如下 10 个主要应用领域：智能家居、智能医疗、智能城市、智能环保、智能交通、智能工业、智能农业、智能物流、智能社区、智能会展等。图 4-36 所示为其中一些应用示意图。

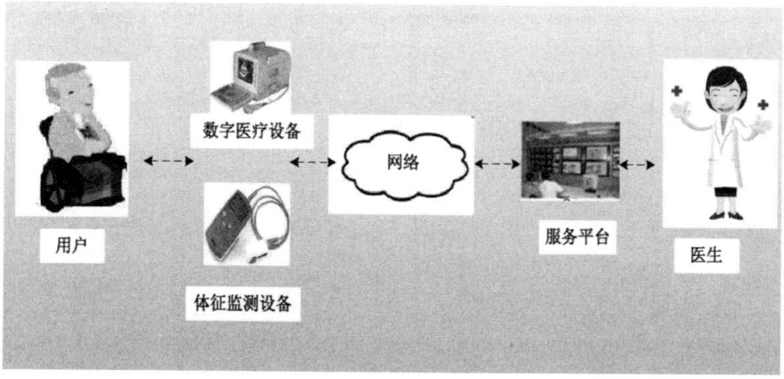

（a）智能医疗示意图

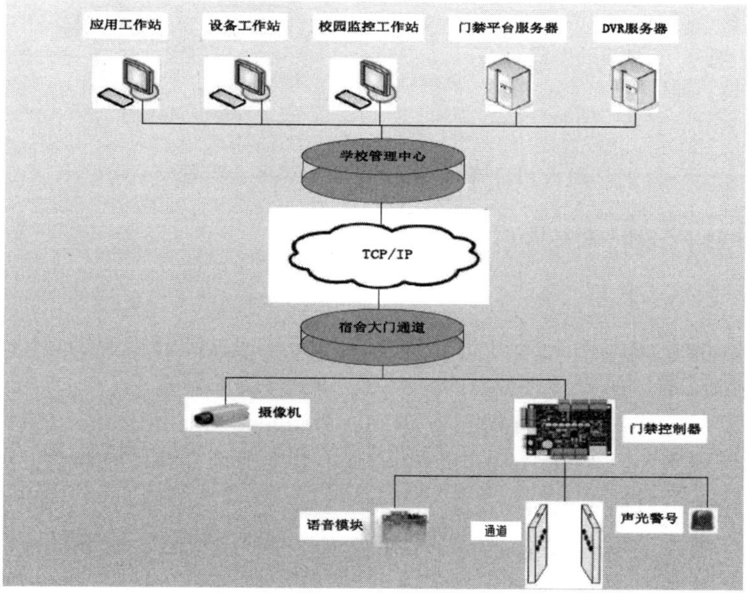

（b）智能社区示意图

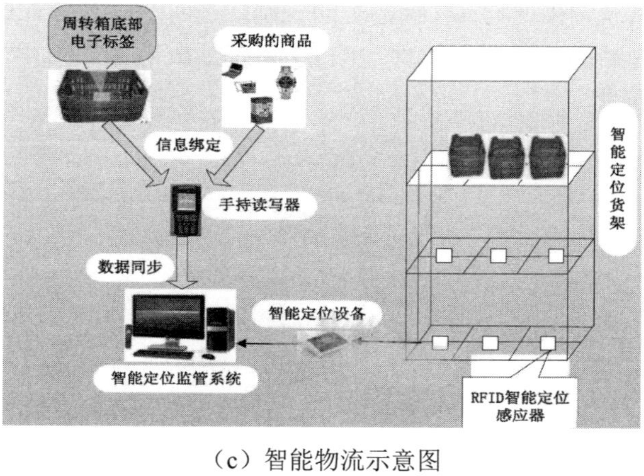

（c）智能物流示意图

图 4-36　物联网的典型应用示意

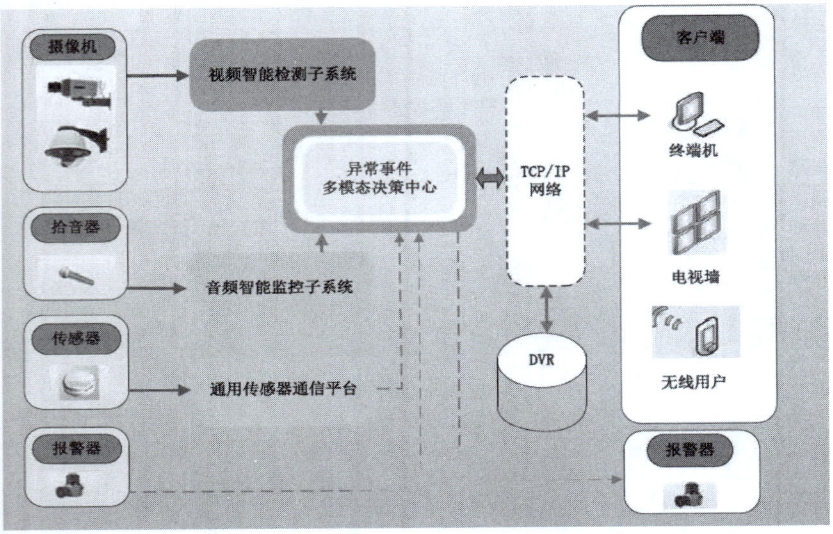

（d）智能工业示意图

图 4-36　物联网的典型应用示意（续图）

4.5.4　物联网的关键技术及发展前景

1. 感知技术

感知技术是指能够用于物联网底层感知信息的技术，包括射频识别（RFID）技术、传感器技术、GPS 定位技术、多媒体信息采集技术及二维码技术等。

作为物联网发展的排头兵，射频识别（Radio Frequency Identification，RFID）技术成为了市场最为关注的技术之一。RFID 是 20 世纪 90 年代兴起的一种自动识别技术，是比较先进的一种非接触识别技术。以简单 RFID 系统为基础，结合已有的网络技术、数据库技术、中间件技术等，构筑一个由大量联网的阅读器和无数移动的标签组成的，比 Internet 更为庞大的物联网成为 RFID 技术发展的趋势。RFID 技术是能够让物品“开口说话”的一种技术。在“物联网”的构想中，RFID 标签中存储着规范而具有互用性的信息，通过无线数据通信网络把它们自动采集到中央信息系统，实现物品（商品）的识别，进而通过开放性的计算机网络实现信息交换和共享，实现对物品的“透明”管理。RFID 系统组成部件如图 4-37 所示。

图 4-37　RFID 系统组成部件

2. 传输技术

传输技术是指能够汇聚感知数据，并实现物联网数据传输的技术，包括移动通信网、互联网、无线网络、卫星通信以及短距离无线通信等技术。

3. 支撑技术

支撑技术是指用于物联网数据处理和利用的技术，包括云计算技术、嵌入式系统、人工智能技术、数据库与数据挖掘技术、分布式并行计算和多媒体与虚拟现实等。

4. 应用技术

应用技术是指用于直接支持物联网应用系统运行的技术，应用层主要是根据行业特点，借助互联网技术手段，开发各类的行业应用解决方案，将物联网的优势与行业的生产经营、信息化管理、组织调度结合起来，形成各类的物联网解决方案，构建智能化的行业应用。例如，交通行业涉及的就是智能交通技术；电力行业采用的是智能电网技术；物流行业采用的是智慧物流技术等。一般来讲，各类应用还要更多涉及专家系统、系统集成技术和编解码技术等。

5. 发展前景

物联网概念的问世打破了之前的传统思维。传统思维一直是将物理基础设施和基础设施分开：一方面是机场、公路、建筑物，而另一方面是数据中心、个人电脑、宽带等。而在物联网时代，钢筋混凝土、电缆将与芯片、宽带整合为统一的基础设施，在此意义上，基础设施更像是一块新的地球工地，世界的运转就在它上面进行，其中包括经济管理、生产运行、社会管理乃至个人生活。

练一练（单选题）

1．“智慧地球”是（　　）公司提出的，并得到奥巴马总统的支持。

A．Intel　　B．IBM　　C．TID　　D．Google

2．RFID 属于物联网的（　　）层。

A．应用　　B．网络　　C．业务　　D．感知

3．物联网有 4 个关键性的技术，（　　）能够接收物品“讲话”的内容。

A．电子标签技术　　B．传感技术　　C．智能技术　　D．纳米技术

4．下列（　　）项不属于在物联网存在的问题。

A．制造技术　　B．IP 地址问题　　C．终端问题　　D．安全问题

5．以下（　　）项是物联网对个人用户的智能控制类的应用。

A．精细农业　　B．医疗保险　　C．智能交通　　D．智能家居

4.6　网络安全

4.6.1　网络安全的基本概念

网络安全就是确保网络上的信息和资源不被非授权用户使用。为保证网络安全，就必须对信息处理和数据存储进行物理安全保护。网络安全强调的是数据信息的完整性（Integrity）、可用性（Availability）和保密性（Confidentiality and Privacy）。完整性是指保护信息不被非授权用户修改和破坏；可用性是指避免拒绝授权访问或拒绝服务；保密性是指保护信息不泄露给非授权用户。

一般认为，网络存在的安全威胁主要表现在以下的几个方面。

（1）破坏数据的完整性。以非法手段窃取对数据的使用权，删除、修改、插入或重发某

些重要信息，以取得有益于攻击者的响应；恶意添加、修改数据，干扰数据的正常传送；用拒绝服务攻击不断对网络服务系统进行干扰；改变作业流程，执行无关程序使系统响应速度减慢；影响正常用户的使用，甚至使合法用户不能进入计算机网络或得不到相应的服务。

（2）非授权访问。非授权访问是指攻击者违反安全策略，利用系统的安全缺陷非法占有系统资源或访问本应受保护的信息。其主要形式有以下几种：假冒用户、进行身份攻击、非法用户进入网络系统进行非法操作或合法用户以未授权的方式进行操作等。

（3）信息泄露或丢失。信息泄露或丢失是指敏感数据在有意或无意中被泄露或丢失，通常包括信息在传输过程中泄露或丢失、信息在存储介质中泄露或丢失、通过隐蔽隧道被窃听等。

（4）利用网络传播病毒。通过网络传播计算机病毒，其破坏性远远大于单机系统，而且一般用户难以防范。

4.6.2 网络安全技术

1. 身份鉴别

身份鉴别也称身份认证，是在计算机网络中确认操作者身份的过程。计算机网络世界中的一切信息，包括用户的身份信息，都是用一组特定的数据来表示的，计算机只能识别用户的数字身份，所有对用户的授权也是针对用户数字身份的授权。通过身份认证，可以保证以数字身份进行操作的操作者就是这个数字身份的合法拥有者，即操作者的物理身份与数字身份相对应。作为保护网络信息安全的第一道关口，身份鉴别有着举足轻重的作用。

常用的身份鉴别方法可以分为以下三类。

（1）根据你所知道的信息来证明你的身份（你知道什么），例如口令、私有密钥等。

（2）根据你所拥有的东西来证明你的身份（你有什么），例如 IC 卡、U 盾等。

（3）直接根据独一无二的身体特征来证明你的身份（你是谁），例如指纹、面貌、人眼虹膜、声音等。

在安全性要求较高的领域，为了达到更高的身份鉴别安全性，可以将以上几种方法结合起来，实现双因素认证。

2. 访问控制

身份鉴别是访问控制的基础。进行身份鉴别后，合法用户被允许访问网络信息资源，同时，访问控制技术按用户身份及其所归属的某预定义组来限制用户对某些信息的访问，或限制其对某些控制功能的使用。访问控制通常用于系统管理员控制用户对服务器、目录、文件等网络资源的访问。

访问控制的主要功能就是允许合法用户访问受保护的网络信息资源，同时防止合法的用户对受保护的信息资源进行非授权的访问。

3. 数据加密

为了保证数据传输的安全，同时也应考虑到即使在信息被窃听的情况下信息内容也不会被泄露，所以必须对网络传输的数据进行加密，这是信息保护较可靠的办法。

数据加密是指通过加密算法和加密密钥将明文转变为密文；而解密则是通过解密算法和解密密钥将密文恢复为明文。通过数据加密技术可以实现网络信息隐蔽，从而起到保护信息安全的作用。

例如，有一段明文内容如下：

Let US meet at five pm at old place

假定加密算法是将每个英文字母替换为在字母表排列中其后的第 3 个字母，加密密钥 Key 为 3，得到的密文内容如下：

Ohw rv phhw dw ilyh sp dw rog sodfh

接收方接收到这段密文后，只要事先知道密钥 Key 为 3，就可以将密文还原为明文。

上例中的加密算法很简单，安全性很低。在实际使用中，数据加密技术分为对称加密技术和非对称加密技术。

- 对称加密采用了对称密码编码技术，它的特点是文件加密和解密使用相同的密钥，即加密密钥也可以用作解密密钥，这种方法在密码学中叫作对称加密算法。对称加密技术使用起来简单快捷、密钥较短且破译困难。AES（高级加密标准）和 IDEA（欧洲数据加密标准）都是著名的对称加密系统。
- 非对称加密技术也称公共密钥加密技术。与对称加密算法不同，非对称加密算法需要两个密钥：公开密钥（Publickey）和私有密钥（Privatekey）。公开密钥与私有密钥是一对，如果用公开密钥对数据进行加密，只有用对应的私有密钥才能解密；如果用私有密钥对数据进行加密，那么只有用对应的公开密钥才能解密。

4.6.3 防火墙

Internet 的发展给政府机构、企事业单位带来了革命性的改革和开放。他们正努力地通过利用 Internet 来提高办事效率和市场反应速度，以便更具竞争力。通过 Internet，企业可以从异地取回重要数据，同时又要面对 Internet 开放带来的数据安全的新挑战和新危险，即客户、销售商、移动用户、异地员工和内部员工的安全访问，以及保护企业的机密信息不受黑客和工业间谍的入侵。因此，企业必须加筑安全的“战壕”，而这个“战壕”就是防火墙。

防火墙技术是建立在现代通信网络技术和信息安全技术基础上的应用性安全技术，越来越多地应用于专用网络与公用网络的互联环境之中，尤其以接入 Internet 网络为最甚。

1．什么是防火墙

防火墙是指设置在不同网络（如可信任的企业内部网和不可信的公共网）或网络安全域之间的一系列部件的组合。它是不同网络或网络安全域之间信息的唯一出入口，能根据企业的安全政策控制（允许、拒绝、监测）出入网络的信息流，且本身具有较强的抗攻击能力。它是提供信息安全服务，实现网络和信息安全的基础设施。

在逻辑上，防火墙是一个分离器、限制器，也是一个分析器，可有效地监控内部网和 Internet 之间的任何活动，保证了内部网络的安全。防火墙逻辑位置示意图如图 4-38 所示。

2．防火墙能做什么

防火墙的作用有以下几点。

（1）防火墙是网络安全的屏障。一个防火墙（作为阻塞点和控制点）能极大地提高一个内部网络的安全性，并通过过滤不安全的服务而降低风险。由于只有经过精心选择的应用协议才能通过防火墙，所以网络环境变得更安全。如，防火墙可以禁止众所周知的不安全的 NFS 协议进出受保护网络，这样外部的攻击者就不可能利用这些脆弱的协议来攻击内部网络。防火墙同时可以保护网络免受基于路由的攻击，如，IP 选项中的源路由攻击和 ICMP 重定向中的重定向路径。防火墙应该可以拒绝所有以上类型攻击的报文并通知防火墙管理员。

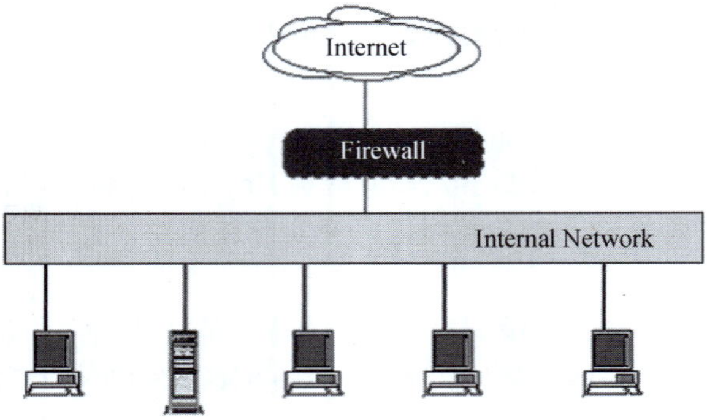

图 4-38　防火墙逻辑位置示意图

（2）防火墙可以强化网络安全策略。通过以防火墙为中心的安全方案配置，能将所有安全软件（如口令、加密、身份认证、审计等）配置在防火墙上。与将网络安全问题分散到各个主机上相比，防火墙的集中安全管理更经济。例如，在访问网络时，一次一密口令系统和其他的身份认证系统完全可以不必分散在各个主机上，而是集中在防火墙上。

（3）防火墙可对网络存取和访问进行监控审计。如果所有的访问都经过防火墙，那么防火墙就能记录下这些访问并作出日志记录，同时也能提供网络使用情况的统计数据。当发生可疑动作时，防火墙能进行适当的报警，并提供网络是否受到监测和攻击的详细信息。另外，收集一个网络的使用和误用情况也是非常重要的，它可以清楚防火墙是否能够抵挡攻击者的探测和攻击，并且可清楚防火墙的控制是否充足。而网络使用统计对网络需求分析和威胁分析等而言也是非常重要的。

（4）防火墙可防止内部信息的外泄。利用防火墙对内部网络的划分，可实现内部网重点网段的隔离，从而限制了局部重点或敏感网络安全问题对全局网络造成的影响。且隐私是内部网络非常关心的问题，一个内部网络中不引人注意的细节可能包含了有关安全的线索而引起外部攻击者的兴趣，甚至因此而暴露了内部网络的某些安全漏洞。使用防火墙就可以隐蔽那些透露内部细节的服务，如 Finger、DNS 等服务。Finger 显示了主机的所有用户的注册名、真名，最后登录时间和使用 shell 类型等，同时 Finger 显示的信息非常容易被攻击者所获悉。攻击者通过 Finger 可以知道一个系统使用的频繁程度，这个系统是否有用户正在连线上网，这个系统是否在被攻击时引起注意等。防火墙可以同样阻塞有关内部网络中的 DNS 信息，这样一台主机的域名和 IP 地址就不会被外界所了解。

除了安全作用，防火墙还支持具有 Internet 服务特性的企业内部网络技术体系 VPN。通过 VPN，将企事业单位在地域上分布在全世界各地的 LAN 或专用子网，有机地连成一个整体，这样不仅省去了专用通信线路，而且为信息共享提供了技术保障。

从实现方式上来分，防火墙又分为硬件防火墙和软件防火墙两类。软件防火墙通过纯软件的方式来实现，价格很便宜，因此个人用户较多使用这类防火墙。尽管利用防火墙可以保护网络，使其免受攻击，但防火墙只能提高网络的安全性，无法保证网络的绝对安全。

4.6.4 计算机病毒

1. 计算机病毒的定义

计算机病毒是指编制在或者插入在计算机程序中的破坏计算机功能或者破坏其内的数据，影响计算机使用并且能够自我复制的一组计算机指令或者程序代码。

计算机病毒不是来源于突发或偶然的原因。一次突发的停电和偶然的错误，会在计算机的磁盘和内存中产生一些乱码和随机指令，但这些代码是无序和混乱的。计算机病毒则是一种比较完美的、精巧严谨的代码，按照严格的秩序进行组织，与所在的系统网络环境相适应和配合。病毒不会偶然形成，并且其代码有一定的长度，这个基本的长度从概率上来讲是不可能通过随机代码产生的。现在流行的病毒基本都是人为故意编写的，多数病毒可以找到作者和产地信息。

随着网络的普及，病毒的传播也从简单的介质传播向多样化的网络传播发展。计算机网络病毒在计算机网络上传播扩散，专门攻击网络的薄弱环节，破坏网络资源。网络病毒的来源主要有两种：一种来自于电子邮件，另一种来自于下载文件。

2. 计算机病毒的特点

计算机病毒的特点如下所述。

（1）破坏性。计算机中毒后，计算机资源均可能被破坏，正常的程序可能会无法运行，计算机内的文件会被删除或受到不同程度的损坏，病毒甚至还可能破坏计算机的硬件。

（2）隐蔽性。大多数病毒隐蔽在正常的可执行程序或数据文件里，不易被发现。

（3）传染性。计算机病毒不但本身具有破坏性，更有害的是其具有传染性，一旦病毒被复制或产生变种，其传播速度之快令人难以预防。传染性是病毒的基本特征。在生物界，病毒通过传染从一个生物体扩散到另一个生物体，在适当的条件下，其还会进行大量的繁殖，并使被感染的生物体表现出病症甚至死亡。同样，计算机病毒也会通过各种渠道从已被感染的计算机扩散到未被感染的计算机，在某些情况下造成被感染的计算机工作失常甚至瘫痪。

（4）潜伏性。有些病毒像定时炸弹一样，其发作时间是预先设计好的，比如“黑色星期五”病毒。不到预定时间几乎觉察不出来此类病毒，而等到条件具备的时候它就会突然发作，对系统进行破坏。一个编制精巧的计算机病毒程序进入系统之后一般不会马上发作，可以在几周或者几个月内甚至几年内隐藏在合法文件中，对其他系统进行传染，而不被人发现，潜伏性越好，其在系统中存在的时间就越长，病毒的传染范围就越大。

3. 预防计算机病毒的措施

首先，在思想上应重视，加强管理，防止病毒的入侵。从外来的软盘或 U 盘中复制信息时，都应该先对软盘或 U 盘进行查毒，若有病毒必须清除，这样可以保证计算机不被新的病毒传染。其次，由于病毒具有潜伏性，可能机器中还隐蔽着某些旧病毒，一旦时机成熟还将发作，所以要经常对磁盘进行检查，若发现病毒应及时清除。思想重视是基础，采取有效的查毒与杀毒方法是技术保证。检查病毒与清除病毒通常有两种手段：一种是在计算机中安装一块防病毒卡，另一种是使用防病毒软件。上述两种手段的工作原理基本一样，一般使用防病毒软件的用户更多一些。最后，要注意一点，预防与清除病毒是一项长期的工作，不可能一劳永逸。

在预防计算机病毒时，应注意以下事项。

（1）备好启动软盘或启动 U 盘，并进行写保护。检查计算机的问题时，应在没有病毒干扰的环境下进行，这样才能测出问题的真正原因。因此，在安装系统之后，应该及时做一张启动盘，以备不时之需。

（2）重要资料必须备份。程序损坏了可以重新安装，但是自己输入的资料，比如3年的会计资料或画了3个月的图纸，某天因病毒而损坏了资料，就会造成重大损失。所以对于重要资料经常备份是绝对必要的。

（3）尽量避免在未安装防病毒软件的计算机上使用可移动存储介质。

（4）用户在使用新软件时，先用扫毒程序对其进行检查可减少中毒机会。

（5）准备一款具有杀毒及保护功能的软件，将有助于防杀病毒。

（6）重建硬盘是有可能的，挽回损失的几率相当高。若硬盘资料已遭破坏，不必急于格式化，因病毒不可能在短时间内将全部硬盘资料破坏，可利用杀毒软件加以分析，然后利用恢复硬盘工具软件将硬盘恢复至受损前的状态。

（7）不要在互联网上随意下载软件。如果实在需要，应在软件下载后执行杀毒软件对其进行彻底检查。

（8）不要轻易打开电子邮件的附件。近年来造成大规模破坏的病毒有许多都是通过电子邮件传播的。不要以为只打开熟人发送的附件就一定保险，有的病毒会自动检查受害人计算机上的通信录并向其中的所有地址自动发送带有病毒的文件。最妥当的做法是先将附件保存下来，不要打开，先用查毒软件进行彻底检查。

练一练（单选题）

1．下列关于计算机病毒的说法中，正确的是（　　）。

A．计算机病毒是对计算机操作人员身体有害的生物病毒

B．计算机病毒发作后，将造成计算机硬件永久性的物理破坏

C．计算机病毒是一种通过自我复制进行传染性的，破坏计算机程序和数据的小程序

D．计算机病毒是一种有逻辑错误的程序

2．“蠕虫”病毒属于（　　）。

A．宏病毒　　B．网络病毒　　C．混合性病毒　　D．文件性病毒

3．随着Internet的发展，越来越多的计算机感染病毒的可能途径之一是（　　）。

A．从键盘上输入数据

B．通过电源线

C．所使用的光盘表面不清洁

D．通过Internet的E-mail，附着在电子邮件的信息中

4．传播计算机病毒的一大可能途径是（　　）。

A．通过键盘输入数据时传入　　B．通过电源线传入

C．通过使用表面不清洁的光盘　　D．通过网络传播

5．为防止计算机病毒传染，应该做到（　　）。

A．无病毒的U盘不要与来历不明的U盘放在一起

B．不要复制来历不明U盘中的程序

C．长时间不用的U盘要经常格式化

D．U盘中不要存放可执行程序

6．一般而言，Internet 环境中的防火墙建立在（　　）。

A．每个子网的内部　　B．内部子网之间

C．内部网络与外部网络的交叉点　　D．其他 3 个都不对

7．为了防止信息被别人窃取，可以设置开机密码，下列密码设置最安全的是（　　）。

A．12345678　　B．nd@YZ@gl　　C．NDYZ　　D．Yingzhong

8．造成计算机中存储数据丢失的原因主要是（　　）。

A．病毒侵蚀、人为窃取　　B．计算机电磁辐射

C．计算机存储器硬件损坏　　D．全部

9．下列关于计算机病毒的叙述中，正确的是（　　）。

A．所有计算机病毒只在可执行文件中传染

B．计算机病毒可通过读写移动硬盘或 Internet 网络进行传播

C．只要把带毒 U 盘设置成只读状态，那么此盘上的病毒就不会因读盘而传染给另一台计算机

D．清除病毒最简单的方法是删除已感染病毒的文件

10．计算机感染病毒的可能途径之一是（　　）。

A．从键盘上输入数据

B．随意运行外来的、未经杀病毒软件严格审查的 U 盘上的软件

C．所使用的 U 盘表面不清洁

D．电源不稳定

11．下列关于计算机病毒的叙述中，正确的是（　　）。

A．计算机病毒只感染.exe 或.com 文件

B．计算机病毒可通过网络进行传播

C．计算机病毒是通过电网进行传播的

D．计算机病毒是由于程序中的逻辑错误造成的

12．当计算机病毒发作时，主要造成的破坏是（　　）。

A．对磁盘片的物理损坏

B．对磁盘驱动器的损坏

C．对 CPU 的损坏

D．对存储在硬盘上的程序、数据甚至系统的破坏

13．下列关于计算机病毒的叙述中，错误的是（　　）。

A．计算机病毒具有潜伏性

B．计算机病毒具有传染性

C．感染过计算机病毒的计算机具有对该病毒的免疫性

D．计算机病毒是一个特殊的寄生程序

14．防火墙用于将 Internet 和内部网络隔离，因此它是（　　）。

A．防止 Internet 火灾的硬件设施

B．抗电磁干扰的硬件设施

C．保护网线不受破坏的软件和硬件设施

D．网络安全和信息安全的软件和硬件设施

15. 下列选项属于“计算机安全”设置的是（　　）。
A. 定期备份重要数据　　B. 不下载来路不明的软件及程序
C. 停掉 Guest 账号　　D. 安装杀（防）毒软件

单元训练题

单选题

1. 计算机网络最突出的优点是（　　）。
A. 资源共享和快速传输信息　　B. 高精度计算和收发邮件
C. 运算速度快和快速传输信息　　D. 存储容量大和高精度
2. 拥有计算机并以拨号方式接入 Internet 的用户需要使用（　　）。
A. CD-ROM　　B. 鼠标　　C. U 盘　　D. Modem
3. 计算机网络的目标是实现（　　）。
A. 数据处理和网上聊天　　B. 文献检索和收发邮件
C. 资源共享和信息传输　　D. 信息传输和网络游戏
4. 调制解调器（Modem）的主要功能是（　　）。
A. 放大模拟信号
B. 放大数字信号
C. 对数字信号进行编码
D. 进行模拟信号与数字信号之间的相互转换
5. 计算机网络中常用的有线传输介质有（　　）。
A. 双绞线、红外线、同轴电缆　　B. 激光、光纤、同轴电缆
C. 双绞线、光纤、同轴电缆　　D. 光纤、同轴电缆、微波
6. 因特网中 IP 地址用 4 组十进制数表示，每组数字的取值范围是（　　）。
A. 0～127　　B. 0～128　　C. 0～255　　D. 0～256
7. Internet 最初创建时的应用领域是（　　）。
A. 经济　　B. 军事　　C. 教育　　D. 外交
8. 下列各选项中，不属于 Internet 应用的是（　　）。
A. 新闻组　　B. 远程登录　　C. 网络协议　　D. 搜索引擎
9. 从网上下载软件时，使用的网络服务类型是（　　）。
A. 文件传输　　B. 远程登录　　C. 信息浏览　　D. 电子邮件
10. IP 地址（　　）是正确的。
A. 202.112.111.1　　B. 202.2.2.2.2　　C. 202.202.1　　D. 202.257.14.13
11. 以下关于电子邮件的说法，不正确的是（　　）。
A. 电子邮件的英文简称是 E-mail
B. 加入因特网的每一个用户通过申请都可以得到一个“电子信箱”
C. 在一台计算机上申请的“电子信箱”，以后只有通过这台计算机上网才能收信
D. 一个人可以申请多个电子信箱

12．下列各项中，正确的电子邮箱地址是（　　）。

A．L202@sina.com　　B．TT202#yahoo.com

C．A112.256.23.8　　D．K201&yahoo.com.cn

13．域名 MH.BIT.EDU.CN 中，主机名是（　　）。

A．MH　　B．EDU　　C．CN　　D．BIT

14．HTTP 是（　　）。

A．网址　　B．域名

C．高级语言　　D．超文本传输协议

15．Internet 是目前世界上第一大互联网，起源于美国，其雏形是（　　）。

A．CERNET 网　　B．NCPC 网

C．ARPAnet 网　　D．GBNKT

16．Internet 中不同网络和不同计算机相互通信的协议是（　　）。

A．ATM　　B．TCP/IP　　C．Novell　　D．X.25

17．Internet 提供的最常用、便捷的通信服务是（　　）。

A．文件传输（FTP）　　B．远程登录（Telnet）

C．电子邮件（E-mail）　　D．万维网（WWW）

18．用户名为 XUEJY 的正确电子邮件地址是（　　）。

A．XUEJY$bj163.com　　B．XUEJY&bj163.com

C．XUEJY#bj163.com　　D．XUEJY@bj163.com

19．下列关于电子邮件的叙述中，正确的是（　　）。

A．如果收件人的计算机没有打开时，发件人发来的电子邮件将丢失

B．如果收件人的计算机没有打开时，发件人发来的电子邮件将退回

C．如果收件人的计算机没有打开时，当收件人的计算机打开时再重发

D．发件人发来邮件保存在收件人的电子邮箱中，收件人可随时接收

20．写邮件时，除了发件人地址之外，另一项必须要填写的是（　　）。

A．信件内容　　B．收件人地址　　C．主题　　D．抄送

21．下列叙述中，正确的是（　　）。

A．计算机病毒只在可执行文件中传染，不执行的文件不会传染

B．计算机病毒主要通过读写移动存储器或 Internet 网络进行传播

C．只要删除所有感染了病毒的文件就可以彻底消除病毒

D．计算机杀病毒软件可以查出和清除任意已知的和未知的计算机病毒

22．接入 Internet 的每台主机都有唯一可识别的地址，称为（　　）。

A．TCP 地址　　B．IP 地址　　C．TCP/IP 地址　　D．URL

23．根据 Internet 的域名代码规定，域名中的（　　）表示商业组织的网站。

A．.net　　B．.com　　C．.gov　　D．.org

24．有一域名为 bit.edu.cn，根据域名代码的规定，此域名表示（　　）。

A．教育机构　　B．商业组织　　C．军事部门　　D．政府机关

25．根据域名代码规定，表示政府部门网站的域名代码是（　　）。

A．net　　B．com　　C．gov　　D．org

26．TCP 协议的主要功能是（　　）。

A．对数据进行分组　　B．确保数据的可靠传输

C．确定数据传输路径　　D．提高数据传输速度

27．通常所说的“宏病毒”感染的文件类型是（　　）。

A．com　　B．doc　　C．exe　　D．txt

28．下列关于计算机病毒的叙述中，正确的是（　　）。

A．计算机病毒的特点之一是具有免疫性

B．计算机病毒是一种有逻辑错误的小程序

C．反病毒软件必须随着新病毒的出现而升级，提高查、杀病毒的功能

D．感染过计算机病毒的计算机具有对该病毒的免疫性

29．计算机安全是指计算机资产安全，即（　　）。

A．计算机信息系统资源不受自然有害因素的威胁和危害

B．信息资源不受自然和人为有害因素的威胁和危害

C．计算机硬件系统不受人为有害因素的威胁和危害

D．计算机信息系统资源和信息资源不受自然和人为有害因素的威胁和危害

30．关于因特网防火墙，下列叙述中错误的是（　　）。

A．为单位内部网络提供了安全边界

B．防止外界入侵单位内部网络

C．可以阻止来自内部的威胁与攻击

D．可以使用过滤技术在网络层对数据进行选择

31．计算机病毒的危害表现为（　　）。

A．能造成计算机芯片的永久性失效

B．使磁盘霉变

C．影响程序运行，破坏计算机系统的数据与程序

D．切断计算机系统电源

32．下列关于计算机病毒的描述，正确的是（　　）。

A．正版软件不会受到计算机病毒的攻击

B．光盘上的软件不可能携带计算机病毒

C．计算机病毒是一种特殊的计算机程序，因此数据文件中不可能携带病毒

D．任何计算机病毒一定会有清除的办法

33．防火墙是指（　　）。

A．一个特定软件　　B．一个特定硬件

C．执行访问控制策略的一组系统　　D．一批硬件的总称

34．计算机病毒（　　）。

A．不会对计算机操作人员造成身体伤害

B．会导致所有计算机操作人员感染致病

C．会导致部分计算机操作人员感染致病

D．会导致部分计算机操作人员感染病毒，但不会致病

35．下列叙述中，正确的是（　　）。

A．计算机病毒是由于光盘表面不清洁而造成的

B．计算机病毒主要通过读写移动存储器或网络进行传播

C．只要把带病毒的 U 盘设置成只读状态，那么此盘上的病毒就不会因读盘而传染给另一台计算机

D．计算机病毒发作后，将造成计算机硬件永久性的物理损坏

36．通常网络用户使用的电子邮箱建在（　　）。

A．用户的计算机上　　B．发件人的计算机上

C．ISP 的邮件服务器上　　D．收件人的计算机上

37．计算机病毒是指“能够侵入计算机系统并在计算机系统中潜伏、传播，破坏系统正常工作的一种具有繁殖能力的（　　）”。

A．流行性感冒病毒　　B．特殊小程序

C．特殊微生物　　D．源程序

第 5 章　多媒体技术基础

本章要点

- 多媒体技术的基本概念及组成要素
- 中、西文字符集的内容及其在计算机内的表示，计算机文本的类型、特点、用途
- 波形声音获取的原理与主要步骤，常用压缩编码标准
- 数字图像的主要性能参数，常用的数字图像文件格式及其特点和用途
- 数字视频的压缩编码标准及其应用

5.1　多媒体的基本概念

5.1.1　多媒体

“多媒体”一词译自英文“Multimedia”，而该词又是由 multiple（多）和 media（媒体）复合而成，核心词是媒体。媒体（media 或 medium）在计算机领域有两种含义：一种含义指存储信息的实体，如磁盘、光盘、磁带、半导体存储器等；另一种含义指传递信息的载体，如数字、文字、声音、图形和图像等。多媒体技术中的媒体是指后者中的两项或多项组合。

多媒体计算机技术（Multimedia Computer Technology）的定义：运用计算机综合处理多种媒体信息（文本、图形、图像、音频和视频等），将所有媒体形式集成起来，使人们能以更加自然的方式使用，并与计算机进行交流。如，文字和语音的识别与输入、自然语言的理解和机器翻译、图形的识别与理解、知识工程以及人工智能等，使多种信息建立逻辑连接，进而集成一个具有交互性的系统，给人们的工作、生活、学习和娱乐带来深刻的变化。

5.1.2　多媒体组成要素

1. 文本

文本是以文字和各种专用符号表达的信息形式，是现实生活中使用得最多的一种信息存储和传递方式。用文本表达信息给人充分的想象空间，它主要用于对知识的描述性表示，如阐述概念、定义、原理和问题以及显示标题、菜单等内容。

2. 图像

图像是多媒体软件中最重要的信息表现形式之一，比文字更具直观性，更有吸引力，有时还可以替代文字进行说明。它是决定一个多媒体软件视觉效果的关键因素。

3. 动画

动画是利用人的视觉暂留特性，快速播放一系列连续运动变化的图形图像，也包括画面的缩放、旋转、变换、淡入淡出等特殊效果。通过动画可以把抽象的内容形象化，使许多难以理解的知识内容变得生动有趣。合理使用动画可以达到事半功倍的效果。

4. 音频

声音是人们用来传递信息、交流感情最方便、最熟悉的方式之一。多媒体中的音频是指数字化后的声音，一般包括语音、音乐和各种音响效果（音效）。语音就是人说话的声音，通常用来作为旁白、解说；音乐一般用来作为背景音乐，起烘托气氛的作用；音效是模拟某种事物的发声，表现一种真实感。

5. 视频影像

视频影像具有时序性与丰富的信息内涵，常用于交待事物的发展过程。视频非常类似于我们熟知的电影和电视，有声有色，在多媒体中充当着重要的角色。

6. 流媒体

流媒体是应用流技术在网络上传输的多媒体文件，它将连续的图像和声音信息经过压缩后存放在网站服务器，让用户一边下载一边观看、收听，不需要等整个压缩文件下载到用户计算机后才可以观看。流媒体就像“水流”一样从服务器源源不断地“流”向客户机。

5.1.3 多媒体系统特征

多媒体系统具有交互性、集成性、多样性、非线性、实时性、方便性等特征，这也是它区别于传统计算机系统的显著特征。

（1）交互性。交互性是多媒体应用有别于传统信息交流媒体的主要特点之一。传统信息交流媒体如电视、报纸等，只能单向地、被动地传播信息，而多媒体技术则可以实现人对信息的主动选择和控制。在多媒体系统中，用户可以主动地编辑、处理各种信息，具有人机交互功能。没有交互性的系统就不是多媒体系统。交互性是指多媒体系统向用户提供交互式使用、加工和控制信息的手段，从而为应用开辟了更加广阔的领域，也为用户提供了更加自然的信息存取手段。交互可以增加对信息的注意力和理解力，延长信息的保留时间。

（2）集成性。多媒体能够同时表示和处理多种信息，但对用户而言，它们是集成一体的。这种集成包括对信息进行多通道统一获取、存储、组织与合成。

（3）多样性。多媒体信息元素是多样化的，如文本、图形、图像、音频和视频等。

（4）非线性。多媒体技术的非线性特点将改变人们传统循序性的读写模式。以往人们读写方式大都采用章、节、页的框架，循序渐进地获取知识，而多媒体技术将借助超文本链接（Hyper Text Link）的方法，把内容以一种更灵活、更具变化的方式呈现给读者。

（5）实时性。当用户给出操作命令时，便能对相应的多媒体信息进行实时控制。

（6）方便性。用户可以按照自己的需要、兴趣、任务要求、偏爱和认知特点来使用信息，任取图、文、声等信息表现形式。

5.1.4 多媒体系统应用

多媒体的应用十分广泛，以下列举其中的部分应用。

（1）办公与协同工作。由于增加了图、声、像的处理能力，增进了办公室自动化程度，比起单纯的文字处理，多媒体更能增进人们对工作的兴趣，提高工作效率。社会发展到现在，已是世界范围内合作的阶段。视频会议是多媒体协同工作的重要手段之一，它同时提供了几乎是面对面的图文声像的交流。

（2）娱乐与家用。娱乐与家用所涉及的消费电子和消费信息始终是极大的国际市场，它不但提高了现代家庭的生活质量，也大大促进了多媒体消费电子和消费信息业的发展，包括多媒体游戏、可视电话、视频点播和网上购物等。

（3）教育与培训。多媒体在教育中的应用是多媒体最重要的应用之一。多媒体教学主要包括了多媒体计算机辅助的 CAI 课程教学和交互式远程视频教学。多媒体教学有效地提高了人们学习的主观能动性，提高了教育质量，使“虚拟学校”和“全球学校”的建立成为可能。

（4）销售与市场。多媒体技术应用于销售与市场，使得客户不仅能通过多媒体的光盘，还可以通过网络，对公司的产品和服务信息、产品开发进度、产品演示以及实时更新的多媒体目录进行交互式访问。同时，它还允许公司通过联机方式销售自己的产品，以及提供相应的服务。

（5）多媒体电子出版物。多媒体技术的发展给电子出版行业注入了新的活力，使丰富多彩的电子出版物迅速发展起来。以光盘为代表的电子出版物占出版物的比例越来越高，内容涉及教育、娱乐、文化、艺术各方面。随着多媒体网络的发展和普及，“电子网络出版”也将迅速发展起来。

5.1.5 新媒体、自媒体、融媒体

随着时代的发展，如今又出现了一些热门的新名词，它们都与多媒体技术有关，如新媒体、自媒体、融媒体。这些术语之间的区别是什么呢？

（1）概念不同。

1）新媒体是新的技术支撑体系下出现的媒体形态，是相对于传统媒体（报刊、广播、电视等）而发展起来的一种新的媒体形态。

2）自媒体又称“公民媒体”或“个人媒体”，是指私人化、平民化、普泛化、自主化的传播者，以现代化、电子化的手段，向不特定的大多数或者特定的单个人传递规范性及非规范性信息的新媒体的总称。

3）“融媒体”是充分利用媒介载体，把广播、电视、报纸等既有共同点，又存在互补性的不同媒体，在人力、内容、宣传等方面进行全面整合，实现“资源通融、内容兼融、宣传互融、利益共融”的新型媒体。

（2）内容不同。

1）新媒体包括数字杂志、数字报纸、数字广播、手机短信、移动电视、网络、桌面视窗、数字电视、数字电影、触摸媒体、手机网络等。相对于报刊、户外、广播、电视四大传统意义上的媒体，新媒体被形象地称为“第五媒体”。

2）自媒体平台包括百度贴吧、博客、微博、微信等网络平台。

3）融媒体对外是一个单位、一个声音、一个价格。广播、电视、网络同时变为共同为一个项目活动服务的 3 种形式、手段和方法，价格上也会比任何一个单媒体要高得多，客户对这种活动的认可度也很高。

（3）意义不同。

1）新媒体的发展将是未来媒体发展的新趋势，传统意义上的媒体是通过电视、广播、报刊、杂志等单一形式完成对信息的传播，而新媒体是在传统意义的媒体的基础上，运用数字媒体技术开发创意完成的对于信息的传播加工以及新的诠释的一种新的媒体概念。

2）自媒体通过“六度理论”和病毒式的传播，将信息的传递速度和规模无限放大。如果网站的品牌和商品是正向的，让用户使用后心理价值感受超过其预期值，则通过用户自媒体的

影响，自动会形成产品的口碑，有形地助推企业价值。

3）融媒体通过理念的创新，除了扩展对媒介既有的狭义理解之外，还意味着对传统媒介产业链的新认识。媒介的产业链不再仅局限于新闻生产、交换、消费等环节中，产业链的线条也会因新媒体的加入而有新的变化。

5.2 文本

文字信息在计算机中称为“文本”（Text），文本是计算机中最常用的一种数字媒体。文本由一系列“字符”（Character）组成，每个字符均使用二进制编码表示。它们都以二进制编码方式存入计算机并得以处理。文本是计算机中最常见的数字媒体。

5.2.1 字符的编码

1. 西文字符的编码

常用字符的集合叫作“字符集”。西文字符集由拉丁字母、数字、标点符号及一些特殊符号组成。字符集中的每一个字符各有一个代码，它们相互区别，构成该字符集的代码表。

目前使用最广泛的西文字符集及其编码是 ASCII 字符集和 ASCII 码（ASCII 码是美国标准信息交换码），它同时也被国际标准化组织（ISO）定为国际标准，称为 ISO 646 标准，适用于所有拉丁文字字母。ASCII 码有 7 位码和 8 位码两种形式。基本的 ASCII 字符集共有 128 个字符，其中有 96 个可打印字符，包括常用的字母、数字、标点符号等，另外还有 32 个控制字符。标准 ASCII 码使用 7 个二进位对字符进行编码，见表 5-1。

表 5-1 标准 ASCII 字符集及其编码

低 4 位	高 4 位															
	0000		0001		0010		0011		0100		0101		0110		0111	
	十进制	字符	十进制	字符	十进制	字符	十进制	字符	十进制	字符	十进制	字符	十进制	字符	十进制	字符
0000	0	NULL	16	DLE	32	空格	48	0	64	@	80	P	96	`	112	p
0001	1	SOH	17	DC1	33	!	49	1	65	A	81	Q	97	a	113	q
0010	2	STX	18	DC2	34	"	50	2	66	B	82	R	98	b	114	r
0011	3	ETX	19	DC3	35	#	51	3	67	C	83	S	99	c	115	s
0100	4	EOT	20	DC4	36	$	52	4	68	D	84	T	100	d	116	t
0101	5	ENQ	21	NAK	37	%	53	5	69	E	85	U	101	e	117	u
0110	6	ACK	22	SYN	38	&	54	6	70	F	86	V	102	f	118	v
0111	7	BELL	23	ETB	39	'	55	7	71	G	87	W	103	g	119	w
1000	8	BS	24	CAN	40	(	56	8	72	H	88	X	104	h	120	x
1001	9	HT	25	EM	41	)	57	9	73	I	89	Y	105	i	121	y
1010	10	LF	26	SUB	42	*	58	:	74	J	90	Z	106	j	122	z
1011	11	VT	27	ESC	43	+	59	;	75	K	91	[	107	k	123	{
1100	12	FF	28	FS	44	,	60	<	76	L	92	\	108	l	124	|
1101	13	CR	29	GS	45	-	61	=	77	M	93	]	109	m	125	}
1110	14	SO	30	RS	46	.	62	>	78	N	94	^	110	n	126	~
1111	15	SI	31	US	47	/	63	?	79	O	95	_	111	o	127	DEL

例如，字符 a 的编码为 1100001，对应的十进制数是 97，字符 A 的编码为 1000001，对应的十进制数是 65，字符 0 的编码为 0110000，对应的十进制数是 48。

表 5-1 中还有 32 个非图形字符（又称控制字符），如：CR（Carriage Return）（回车）、DEL（Delete）（删除）等。

虽然标准 ASCII 码是 7 位编码，但由于计算机的基本处理单位为字节（Byte，1Byte = 8bit），所以一般仍以一个字节来存放一个 ASCII 字符。每一个字节中多余出来的一位（最高位）在计算机内部通常保持为 0（在数据传输时可用作奇偶校验位）。

由于标准 ASCII 字符集字符数目有限，在实际应用中往往无法满足要求。为此，国际标准化组织又陆续制定了一批适用于不同地区的扩充 ASCII 字符集，每种扩充 ASCII 字符集分别可以扩充 128 个字符，这些扩充字符的编码均为高位为 1 的 8 位代码，称为扩展 ASCII 码。

2. 汉字的编码

中文文本的基本组成单位是汉字。我国汉字的总数超过 6 万字，其具有数量大、字形复杂等特点，故在计算机内部的表示和处理比较复杂。下面首先介绍汉字字符集的概念，然后再介绍各种编码的作用。

（1）GB 2312－1980 汉字编码。GB2312－1980 编码标准（《信息交换用汉字编码字符集基本集》）是信息交换用汉字编码字符集，是由我国国家标准总局 1980 年发布，1981 年 5 月 1 日开始实施的一套国家标准。它是计算机可以识别的编码，适用于汉字处理、汉字通信等系统之间的信息交换。基本集共收入汉字 6763 个，其中一级汉字 3755，按拼音排序，二级汉字 3008，按偏旁排序。基本集中另有非汉字图形字符 682 个，包括字母、数字和各种符号。GB 2312 基本满足了汉字的计算机处理需要，但对于人名、地名和古汉语等方面出现的罕用字，GB 2312 无法处理，这就导致了后来 GBK 和 GB 18030 汉字字符集的出现。

（2）GBK 汉字内码扩充规范。GB 2312 中只有 6763 个汉字，而且均为简体字，在人名、地名的处理上经常不够使用，为此迫切需要一个包含繁体字等更多汉字的标准字符集。

GBK 编码是我国 1995 年颁布的又一个汉字编码标准，称为汉字编码扩展规范，是继 GB 2312 编码标准之后的中文编码扩展国家标准。该编码是在 GB 2312－1980 标准基础上的内码扩展规范，使用了双字节编码方案，其编码范围为 8140～FEFE（剔除××7F），共 23940 个码位，共收录汉字 21003 个、符号 883 个，并提供 1894 个造字码位，简、繁体字融于一库，完全兼容 GB 2312－1980 标准，并包含了 BIG-5 编码中的所有汉字。微软公司 1995 年以后的操作系统，如 Windows 95/98/NT/ME 及 Windows 2000 简体中文版都支持 GBK 编码方案。

（3）GB 18030 编码。GB 18030－2000 的全称是《信息技术 信息交换用汉字编码字符集基本集的扩充》。该标准采用单字节、双字节和四字节 3 种方式对字符编码，与 GB 2312 信息处理交换码所对应的事实上的内码标准保持兼容，在字汇上支持全部中、日、韩（CJK）统一汉字字符，同时 GB 18030 标准在技术上是 GBK 的超集，并与其兼容，又与国际标准 UCS/Unicode 接轨。微软公司 Windows XP 中文版操作系统支持该标准。

（4）UCS/Unicode。国际标准化组织针对各国文字、符号进行了统一性编码，奠定了汉字国际统一编码的基础。UCS 是国际标准化组织制定的 ISO/IEC 10646 标准，即“通用多八位编码字符集”。Unicode 是与 UCS 完全等同的工业标准，采用 16 位编码体系。Unicode 编码标准得到了微软、Oracle、IBM、惠普和康柏等国外巨头的支持和推崇，已经成为开发商普遍使用的编码格式。UCS/Unicode 中的汉字字符集虽然覆盖了我国已使用多年的 GB 2312 和 GBK

标准中的汉字，但它们的编码并不兼容。

1）区位码。将 GB 2312 字符集放置在一个 94 行×94 列的阵列中。阵列的每一行称为一个汉字的“区”，用区号表示；阵列的每一列称为一个汉字的“位”，用位号表示。显然，区号范围是 1～94，位号的范围也是 1～94，这样，一个汉字在表中的位置可用它所在的位号与区号来确定。一个汉字的区号与位号的组合就是该汉字的“区位码”。区位码的形式是高两位为区号，低两位为位号。如“中”字的区位码是 5448，即 54 区 48 位。区位码与每个汉字之间具有一一对应的关系。区位码表中的安排：1～15 区是非汉字图形符区；16～55 区是一级常用汉字区；56～87 区是二级次常用汉字区；88～94 区是保留区，可用来存储自造字代码。实际上，区位码也是一种输入法，其最大优点是一字一码的无重码输入法，最大的缺点是难以记忆。

2）国标码。国标码中用两个字节对汉字进行编码，先将一个汉字的十进制区号和十进制位号分别转换成十六进制数，然后分别加上 20H，就成为此汉字的国标码。例如：“中”字的输入区位码是 5448，分别将其区号 54 转换为十六进制数 36H、位号 48 转换为十六进制数 30H，即 3630H，然后，再把区号和位号分别加上 20H，得“中”字的国标码：3630H+2020H=5650H。

3）汉字机内码。汉字机内码简称内码，是在计算机内部对汉字进行存储、处理和传输的汉字代码，它应能满足存储、处理和传输的要求。当一个汉字输入计算机后就转换为内码，然后才能在机器中传输、处理。一个汉字的内码也用 2 个字节存储，并把每个字节的最高二进制位置“1”作为汉字内码的标识，以免与单字节的 ASCII 码产生歧义性。例如：汉字“中”的国标码表示是 5650H，这两个字节分别用二进制表示就是 01010110H 和 01010000，而英文字母 V 和 P 的 ASCII 码恰好是 01010110 和 01010000。如果在计算机中有两个字节的内容分别是 01010110 和 01010000，这就无法确定究竟是表示一个汉字“中”，还是分别表示两个英文字母 V 和 P。如果用十六进制来表述，就是把汉字国标码的每个字节加 80H，所以汉字的国标码与其内码有下列关系：

汉字的内码=汉字的国标码+8080H

例如，已知“中”字的国标码为 5650H，则根据上述公式有

“中”字的内码=“中”字的国标码 5650H+8080H=D6D0H

综上所述，区位码、国标码和机内码之间的关系如下：

国标码=区位码（H）+2020H

机内码=国标码+8080H

练一练

已知汉字“任”的区位码是 4042，计算它的国标码和机内码。

5.2.2 文本制作

1．字符输入

使用计算机制作一个文本，首先要向计算机输入该文本包含的字符信息。输入字符的方法有两种：人工输入和自动识别输入，如图 5-1 所示。

（1）人工输入是通过键盘、手写笔或语音输入方式输入字符，特点是速度较慢，成本较高，不太适合需要输入大量文字资料的档案、情报等的情况。

汉字的常用的键盘输入编码如下：

- 数字编码，如电报码、区位码等。
- 拼音编码，如智能 ABC 等。
- 字形编码，如五笔字型和表形码等。
- 形音编码，结合字音编码和字形编码优点的编码。

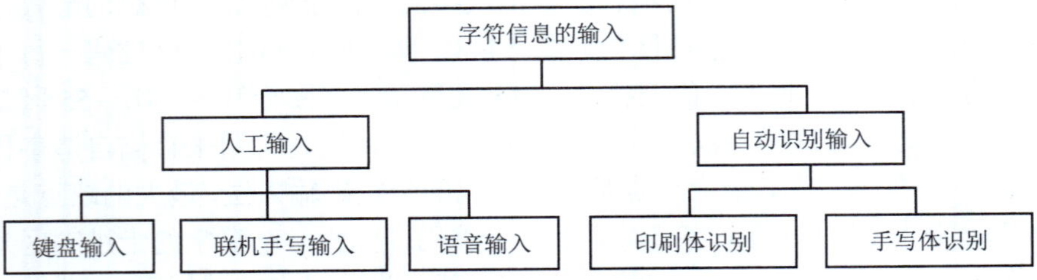

图 5-1　字符信息输入方法

（2）自动识别输入指的是将纸介质上的文本通过识别技术自动转换为文字的编码，这种方法具有速度快、效率高的特点。常用的自动识别技术有 OCR 技术，其识别率已达到 98%。

无论采用何种输入方法，每个汉字在计算机内的表示（机内码）都是唯一确定的，不能将汉字的输入编码和汉字的内码概念混淆。

2. 文本编辑和排版

文本编辑的目的是确保文本内容正确无误，主要是对字、词、句和段落进行添加、删除和修改等操作。

文本排版是为了使文本清晰、美观、便于阅读，从而对文本中的字符、段落乃至整篇文章的格式进行设计和调整。文本排版分 3 个层次：对字符格式进行设置；对段落格式进行设置；对文档页面进行格式设置。

常用的文字处理软件如 Microsoft Word、WPS、PDF Writer 等都具有丰富的文本编辑与排版功能。

5.2.3　文本处理

文本的编辑和排版主要都是解决文本的外观问题，但文本的处理强调的是使用计算机对文本中的字、词、短语、句子、篇章进行识别、转换、分析、理解、压缩、加密和检索等有关的处理，是更深的一个层次。例如，我们可以对文本中的字词进行字数的统计、拼写错误检查和词语的错误检测；对句子进行语法检查、文语转换；对文章进行关键字提取、摘要生成、加密压缩等处理。

在各种文本处理的应用中，使用最多的是文本检索。文本检索是将文本按一定的方式进行组织、存储、管理，并根据用户的要求查找所需文本的技术和应用。文本检索系统主要有两类：一类是书目型的标引检索系统，例如各种学术期刊和科技期刊全文数据库；另一类是全文检索系统，它允许用户对文本正文中的字串或词进行提问，正文中包含该字串或词的文本均为检索的结果。

5.2.4　文本的输出

文本的输出就是将文本中的内容通过显示器让人阅读、浏览或通过打印机进行文本打印。字符输出的过程大致如下：先根据字符的字体确定相应的字库；再按照该字符的代码从字库中取出该字符的形状描述信息；然后按形状描述信息生成字形；最后将字形放置在页面的指定位置。每个字符的形状经过精心设计后，其描述信息都已经预先存放在计算机内，同一种字体的所有字符的形状描述信息集合在一起称为字型库，简称字库。

在计算机中有两种不同的字库：一种是点阵式，它是使用一组排列成矩阵的点来表示一个字符，如图 5-2 所示；一种是轮廓式，该方法比较复杂，它使用一组直线和曲线进行勾画，记录的是每一条直线和曲线的端点和控制点的坐标，如图 5-3 所示。

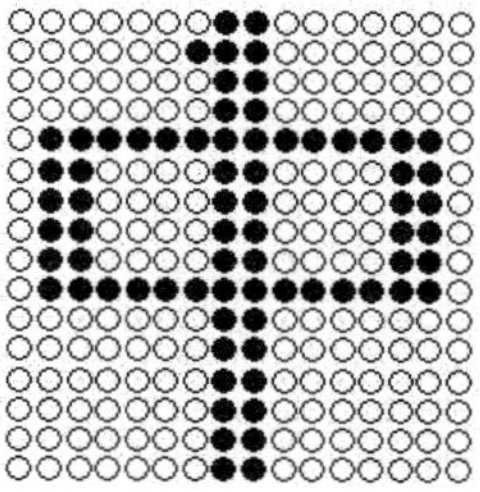

图 5-2　点阵式

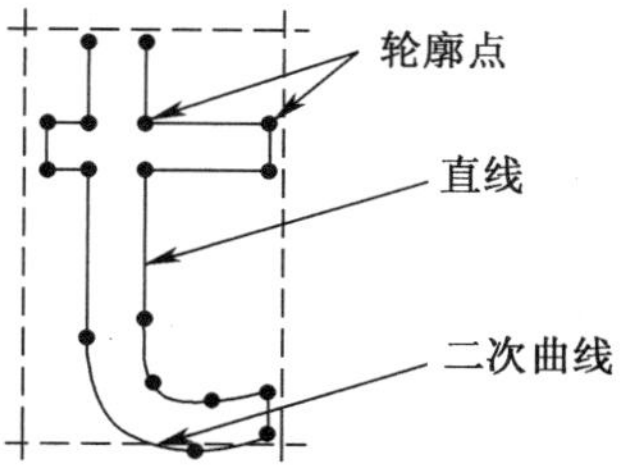

图 5-3　轮廓式

点阵式处理汉字比较简单，该方式是用一个排列成方阵的点的黑白来描述汉字。具体方法如下所述。

汉字是方块字，将方块等分成有 n 行 n 列的格子，简称为点阵。凡笔画所经过的格子点为黑点，用二进制数 1 表示；否则为白点，用二进制数 0 表示。这样，一个汉字的字形就可用一串二进制数表示了。例如，16×16 汉字点阵有 256 个点，需要 256 个二进制位来表示一个汉字的字形码。这就是汉字点阵的二进制数字化。图 5-2 所示是“中”字的 16×16 点阵字形示意图。

计算机中，8 个二进制位组成一个字节，字节是度量存储空间的基本单位。由此可见，一个 16×16 点阵的字形码需要 16×16/8=32 字节存储空间；同理，一个 24×24 点阵的字形码需要 24×24/8=72 字节存储空间；一个 32×32 点阵的字形码需要 32×32/8=128 字节存储空间。

显然，点阵中行、列数划分越多，字形的质量越好，锯齿现象也就越少，但存储汉字字形码所占用的存储空间也越大。汉字的点阵字形的缺点是放大后会出现锯齿现象，很不美观。

轮廓式处理汉字方法比点阵式复杂。一个汉字中笔画的轮廓可用一组曲线来勾画，轮廓式方法采用数学方法来描述每个汉字的轮廓曲线。中文 Windows 系统下广泛采用的 TrueType 字形库就是采用轮廓字形法。这种方法的优点是字形精度高，且可以任意放大、缩小而不产生锯齿现象；缺点是输出之前必须经过复杂的数学运算处理。

各种汉字代码之间的关系：汉字的输入、处理和输出的过程，实际上是汉字的各种代码之间的转换过程，或者说汉字代码在系统有关部件之间“流动”的过程。图 5-4 所示为汉字代码在汉字信息处理系统中的位置及它们之间的关系。

汉字输入码向内码的转换是通过使用输入字典（或称索引表，即外码与内码的对照表）实现的。在计算机的内部处理过程中，汉字信息的存储和各种必要的加工，都是以汉字内码形式进行的。在汉字通信过程中，处理机将汉字内码转换为适合于通信使用的交换码，以实现通信处理。在汉字的显示和打印输出过程中，处理机根据汉字内码计算出地址码，按地址码从数据库中取出汉字字形码，以此来实现汉字的显示或打印输出。

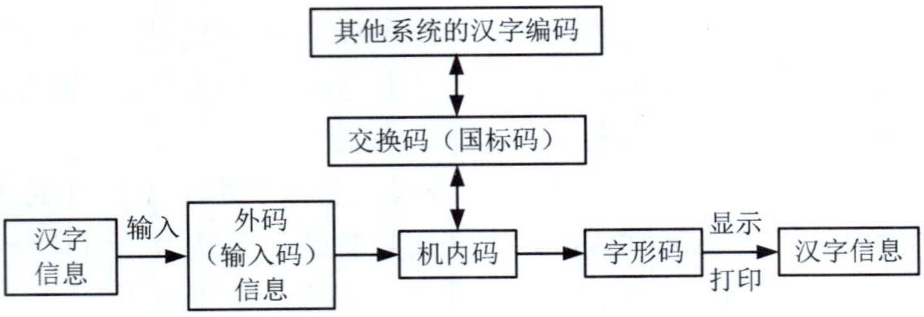

图 5-4 汉字的各种代码之间的转换过程

5.2.5 文本格式

1. 简单文本（纯文本）

简单文本是由一串用于表达正文内容的字符编码所组成的，几乎不包含任何其他的格式信息和结构信息。这种文本没有字体、字号的变化，不能插入图片、表格，也不能建立超链接，其文件后缀名是 txt。用 Windows 附件中的"记事本"新建的文件就是纯文本格式的文件。

2. 丰富格式文本

有字体、字号等属性变化，设置了段落和页面排版格式的文本称为"丰富格式文本"。Windows 附件中的"写字板"程序和 Word、FrontPage 等软件所处理的都是丰富格式文本。

此外，许多应用场合需要在文本中插入图、表、公式，甚至声音和视频。这种由文字、图像、声音、视频等多种信息媒体组合而成的文本也是丰富格式文本。

3. 超文本

超文本也是一种文本，是对传统文本的扩展。传统文本是以线性方式顺序组织的，而超文本是以非线性方式进行网状组织的。这里的"非线性"是指将文本中遇到的一些相关内容通过链接组织在一起，用户可以很方便地浏览这些相关内容。这种文本的组织方式与人们的思维方式和工作方式比较接近。Web 文档就是典型的超文本文档。

实现文本阅读时的快速跳转的指针称为超链接（HyperLink）。超链接是有方向的，起点称为链源，终点称为链宿。链源可以是文本中的词、短语、符号、图像，链宿不受空间位置的限制，它们可以在同一个文件内，也可以在不同的文件内，还可以通过网络连接到世界上任何一台联网计算机上的文件或程序。

练一练（单选题）

1．下列关于 ASCII 编码的叙述中，正确的是（　　）。
　A．一个字符的标准 ASCII 码占一个字节，其最高二进制位总为 1
　B．所有大写字母的 ASCII 码值都小于小写英文字母 a 的 ASCII 码值
　C．所有大写字母的 ASCII 码值都大于小写英文字母 a 的 ASCII 码值
　D．标准 ASCII 码表有 256 个不同的字符编码

2．标准 ASCII 码表中，英文字母 a 和 A 的码值之差是（　　）。
　A．20　　B．32　　C．-20　　D．-32

3．在下列字符中，其 ASCII 码值最小的是（　　）。
　A．空格字符　　B．0　　C．A　　D．a

4. 在计算机中，对汉字进行传输、处理和存储时使用汉字的（　　）。

A. 字形码　　B. 国标码　　C. 输入码　　D. 机内码

5. 存储 1024 个 24×24 点阵的汉字字形码需要的字节数是（　　）。

A. 720B　　B. 72KB　　C. 7000B　　D. 7200B

6. 下列 4 个 4 位十进制数中，属于正确的汉字区位码的是（　　）。

A. 5601　　B. 9596　　C. 9678　　D. 8799

7. 已知 3 个字符：a、Z 和 8，按它们的 ASCII 码值升序排序，结果是（　　）。

A. 8, a, Z　　B. a, 8, Z　　C. a, Z, 8　　D. 8, Z, a

8. 已知英文字母 m 的 ASCII 码值为 6DH，那么 ASCII 码值为 71H 的英文字母是（　　）。

A. M　　B. J　　C. P　　D. q

9. 区位码输入法的最大优点是（　　）。

A. 只用数码输入，方法简单、容易记忆

B. 易记易用

C. 一字一码，无重码

D. 编码有规律，不易忘记

10. 在标准的 ASCII 码表中，已知英文字母 A 的 ASCII 码是 01000001，则英文字母 E 的 ASCII 码是（　　）。

A. 01000011　　B. 01000100　　C. 01000101　　D. 01000010

11. 在计算机中，西文字符所采用的编码是（　　）。

A. EBCDIC 码　　B. ASCII 码　　C. 国标码　　D. BCD 码

12. 汉字国标码（GB 2312－1980）把汉字分成（　　）。

A. 简化字和繁体字两个等级

B. 一级汉字、二级汉字和三级汉字 3 个等级

C. 一级常用汉字和二级次常用汉字两个等级

D. 常用字、次常用字和罕见字 3 个等级

13. 在 ASCII 码表中，根据码值由小到大的排列顺序是（　　）。

A. 空格字符、数字符、大写英文字母、小写英文字母

B. 数字符、空格字符、大写英文字母、小写英文字母

C. 空格字符、数字符、小写英文字母、大写英文字母

D. 数字符、大写英文字母、小写英文字母、空格字符

14. 根据汉字国标 GB 2312－1980 的规定，一个汉字的内码码长为（　　）。

A. 8bits　　B. 12bits　　C. 16bits　　D. 24bits

15. 一个汉字的国标码需用 2 字节存储，其每个字节的最高二进制位的值分别为（　　）。

A. 0, 0　　B. 1, 0　　C. 0, 1　　D. 1, 1

5.3　声音

声音就是振动。当声音的振动改变了人耳内鼓膜上空气的压力时，我们就感觉到了声音。一般来说，人耳可感受的声波的频率范围是从 20Hz 的低频声音到 20kHz 的高频声音，但随着

年龄的增长，对高频声音的感受能力会逐年退化。其中人的说话声音，带宽仅为 300～3400Hz，称为话音或语音；自然界中的各种声音，如音乐声、风雨声、汽车声等，其带宽可达到 20Hz～20kHz，称为全频带声音。

5.3.1 数字波形声音

1. 声音信号数字化

声音信号是在时间上和幅度上都连续的模拟信号，而计算机只能存储和处理离散的数字信号。将连续的模拟信号变成离散的数字信号就是信号数字化。声音的主要物理特征包括频率和振幅，数字化的基本技术是脉冲编码调制。声音的获取设备包括麦克风和声卡。因为麦克风可以感应空气振动，并且将这些振动转换为电流，所以可以通过麦克风捕捉声音，然后由声卡将其转换为数值，并把它们存储到内存或者磁盘上。如图 5-5 所示，声音信号数字化主要经过以下 3 个过程。

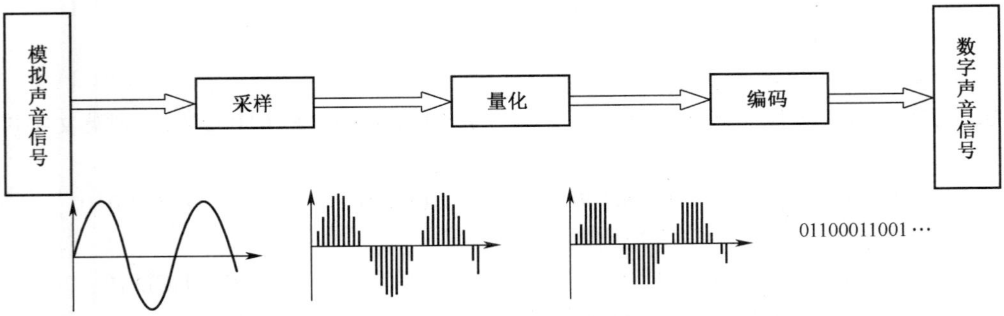

图 5-5 声音数字化过程

（1）采样。为了记录声音信号，需要每隔一定的时间间隔获取声音信号的幅度值，并记录下来，这个过程称为采样。采样即是以固定的时间间隔对模拟波形的幅度值进行抽取，把时间上连续的信号变成时间上离散的信号。该时间间隔称为采样周期，其倒数称为采样频率。显而易见，获取幅度值的时间间隔越短，记录的信息就越精确，但由此带来的问题是需要更多的存储空间。因此，需要确定一个合适的时间间隔，既能记录足够复现原始声音信号的信息，又不浪费过多的存储空间。

根据奈奎斯特采样定理，当采样频率大于或等于声音信号最高频率的两倍时，就可以将采集到的样本还原成原声音信号。例如：人的语音频率一般在 80～3400Hz 之间，则采样频率选为 8kHz 就能基本上还原人的语音信号而不产生失真。采样频率是指一秒钟时间内采集信号样本的次数。在计算机多媒体音频处理中，采样频率通常采用 3 种：11.025kHz（语音效果）、22.05kHz（音乐效果）、44.1kHz（高保真效果）。常见的 CD 唱盘的采样频率即为 44.1kHz。

（2）量化。将采集到的数值用二进制表示，即将一定范围内的模拟量变成某一最小数量单位的整数倍。表示采样点幅值的二进制位数称为量化位数，它是决定数字音频质量的另一个重要参数，一般为 8 位、16 位。8 位量化位数表示每个采样值可以用 2^8 即 256 个不同的量化值之一来表示，而 16 位量化位数表示每个采样值可以用 2^{16} 即 65536 个不同的量化值之一来表示，量化位数越大，采集到的样本精度就越高，声音的质量就越高，但量化位数越多，需要的存储空间也就越大。

（3）编码。要对量化以后得到的二进制数按一定的要求进行编码，即对它进行数据压缩，减少数据量，并按照某种格式进行组织，形成声音文件。

2. 声音的播放

计算机输出声音的过程称为声音的播放，通常分为两步：第一步把声音从数字形式转换成模拟信号形式，即声音的重建；第二步再将模拟声音信号经过处理和放大送到扬声器发出声音。

声音的重建是声音信号数字化的逆过程，分为 3 个步骤：首先进行解码，把压缩编码的数字声音恢复为压缩编码前的状态；然后进行数模转换，把声音样本从数字量转为模拟量；最后插值，通过插值把时间上离散的一组样本转换成在时间上连续的模拟声音信号，这一切由声卡负责完成。

3. 数字音频文件的存储量

波形声音的主要参数包括采样频率、量化位数、声道数、使用的压缩编码方法及比特率。

记录声音时，每次只产生一组声波数据称单声道；每次产生两组声波数据称双声道。双声道具有空间立体效果，但所占空间比单声道多一倍。

比特率也称为码率，即每秒钟的数据量。

模拟波形声音被数字化后音频文件的存储量（假定未经压缩）计算公式如下：

存储量（单位：字节）=采样频率×量化位数/8×声道数×时间

例如，用 44.1kHz 的采样频率进行采样，量化位数选用 16 位，则录制 1s 的立体声节目，其波形文件所需的存储量为 44100×16/8×2×1=176400（字节）。

4. 数字波形声音的数据压缩

根据数字音频文件存储量的计算公式得知，数字波形声音的数据量很大。例如，数字语音 1h 的数据量大约是 30MB，CD 立体声高保真的数字音乐 1h 的数据量大约是 635MB。为了降低存储成本和提高在网络上的传输效率，必须对数字波形声音进行数据压缩。

数字波形声音能够进行数据压缩的原因：声音中包含了大量冗余信息；人耳的灵敏度有限，对声音信号中的某些信息并不敏感；同时，人的逻辑思维能力允许有一定失真。

全频带数字波形声音压缩编码标准有国际标准 MPEG（Moving Picture Experts Group）和工业标准 Dolby AC-3。近年来流行的“MP3 音乐”就是一种采用 MPEG-1 层 3 标准编码的高质量数字声音，它能以 10 倍左右的压缩比降低高保真数字声音的存储量，使一张普通 CD 光盘上可以存储大约 100 首 MP3 歌曲。

随着网络环境的普及，出现了边下载、边播放的流媒体技术。如下述 3 个流媒体产品：Real Networks 公司的 RA、微软公司的 WMA、苹果公司的 Quick Time。它们都可以让网络上的用户一边下载一边收听（看）音（视）频媒体。

5. 数字波形声音文件格式

（1）WAV 文件。WAV 格式是微软公司开发的一种波形声音文件格式，被 Windows 平台及其应用程序广泛支持。WAV 格式支持许多压缩算法，支持多种音频位数、采样频率和声道，采用 44.1kHz 的采样频率，16 位量化位数，因此 WAV 的音质与 CD 相差无几，但 WAV 格式对存储空间需求很大，不便于交流和传播。

（2）MP3 文件。MP3 的全称应为 MPEG-1 Layer3 音频文件，MPEG 在汉语中译为活动图像专家组，特指活动影音压缩标准。MPEG 音频文件是 MPEG-1 标准中的声音部分，也叫 MPEG 音频层。根据压缩质量和编码复杂程度将其划分为 3 层，即 Layer1、Layer2、Layer3，且分别对应 MP1、MP2、MP3 这 3 种声音文件，根据不同的用途，使用不同层次的编码。MPEG 音频编码的层次越高，压缩率也越高。MP1 和 MP2 的压缩率分别为 4:1 和 6:1～8:1，而 MP3 的压缩率则高达 10:1～12:1，不过 MP3 对音频信号采用的是有损压缩方式。

5.3.2 计算机合成声音

计算机合成声音有两类：一类是计算机合成的语音，另一类是计算机合成的音乐。

计算机合成语音就是让计算机模仿人说话，将文字转换为声音，这个过程称为文语转换（TTS 技术）。该技术应用于很多方面，如电话信息查询、公交报站、整点报时、语音秘书以及自动报警等。

计算机合成音乐是让计算机自动演奏乐曲。计算机中的声卡一般都带有音源，音源也称为音乐合成器，它能模仿许多乐器生成各种不同音色的音符。声卡上的音源有两种：一种是调频合成器，它是一种受控的电子振荡器，能模拟生成许多乐器演奏的音符，不过音色单调，效果较差；另一种音源是波表合成器，它预先将各种乐器演奏的各个音符的波形数字化，组织成一张表（波表），存放在 ROM 中，播放时根据相关参数取出相应的波形数据，将其修饰后播放出来，该方法的优点是音色优美、效果好。

音乐是演奏人员按照乐谱进行演奏的。在计算机中乐谱是使用 MIDI 音乐描述语言来表示。MIDI 是乐谱的数字表示方法。在播放 MIDI 音乐时，媒体播放器先从磁盘上读入*.mid 文件，解释内容，然后向声卡上的音乐合成器发出指令，由音乐合成器合成出各种音色的音符，通过扬声器播放出音乐。

与数字波形声音相比，MIDI 音乐的优点是数据量极小、易于制作和编辑修改、可以与波形声音同时播放。MIDI 的不足是，只能合成音乐，不能合成歌曲和语音，音乐的音质与硬件设备相关。

练一练（单选题）

1．对声音波形进行采样时，采样频率越高，声音文件的数据量（　　）。

A．越小　　B．越大　　C．不变　　D．无法确定

2．实现音频信号数字化最核心的硬件电路是（　　）。

A．A/D 转换器　　B．D/A 转换器　　C．数字编码器　　D．数字解码器

3．目前有许多不同的音频文件格式，下列不是数字音频的文件格式是（　　）。

A．WAV　　B．GIF　　C．MP3　　D．MID

4．若对音频信号以 10kHz 采样率、16 位量化精度进行数字化，则每分钟的双声道数字化声音信号产生的数据量约为（　　）。

A．1.2MB　　B．1.6MB　　C．2.4MB　　D．4.8MB

5．一般来说，数字化声音的质量越高，则要求（　　）。

A．量化位数越少、采样率越低　　B．量化位数越多、采样率越高

C．量化位数越少、采样率越高　　D．量化位数越多、采样率越低

6．以 wav 为扩展名的文件通常是（　　）。

A．文本文件　　B．音频信号文件

C．图像文件　　D．视频信号文件

7．计算机中用于描述音乐乐曲并由声卡合成出音乐来的语言（规范）为（　　）。

A．MP3　　B．JPEG 2000　　C．MIDI　　D．XML

8．MP3 音乐所采用的声音数据压缩编码的标准是（　　）。

A．MPEG-1　　B．MPEG-4　　C．MPEG-2　　D．MPEG-3

9．获取声音时，影响数字声音码率的因素有 3 个，（　　）不是影响声音码率的因素。

A．取样频率　　B．声音的类型　　C．量化位数　　D．声道数

5.4　图像与图形

计算机中的数字图像可分为两类：位图图像和矢量图形。位图图像是从现实世界中通过扫描仪、数码相机等设备获取的图像，也称为取样图像；矢量图像是使用计算机合成的图像。

5.4.1　位图图像

位图图像是使用像素来表现的。每个像素都有自己特定的位置和颜色值。人们对印刷品、照片进行扫描，或用数码相机、数码摄像机对现实中的景物进行拍摄就得到了位图图像。图 5-6 所示是用数码相机拍摄获取位图，图 5-7 所示是已得到的数字图像。

图 5-6　用数码相机拍摄获取位图

图 5-7　数字图像

1. 图像的数字化

图像获取的过程实质上是模拟信号的数字化过程，其处理步骤大体分为以下 4 步。

（1）扫描。将画面划分成 M×N 个网格，每个网格就是一个取样点，这样一幅模拟图像就转换为 M×N 个取样点组成的陈列。

（2）分色。将彩色图像取样点的颜色分解成 3 个基色，如果不是彩色图像（灰度图像或黑白图像）则不必进行分色。

（3）取值。测量每个取样点每个分量的亮度值。

（4）量化。对取样点的每个分量的亮度的测量值进行 A/D 转换。

通过上述方法就可以获取到数字图像。

2. 位图图像参数

通过图像的数字化过程可以得知，每个取样点是组成数字图像的基本单位，称为像素。彩色图像的像素是矢量，通常由 3 个彩色分量组成，灰度图像的像素只有一个亮度分量。在计算机中彩色图像有 3 个位平面，灰度图像有一个位平面。

（1）图像的大小，也称为图像分辨率，由图像高度和宽度的像素数量决定。图像在屏幕上显示时的大小取决于图像的分辨率大小以及显示器分辨率的大小和设置。

例如，尺寸为 640 像素×480 像素的图像在显示器的分辨率设置为 1024×768 的屏幕上以 100%的比率显示时，图像只占据部分屏幕。在不同分辨率的显示器上显示的图像示例如图 5-8 所示。如果图像分辨率很低，当图像放大到一定程度会出现“马赛克”现象。

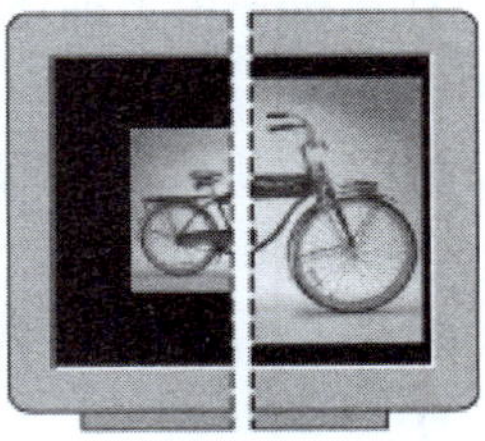

图 5-8 在不同分辨率的显示器上显示的图像示例

（2）颜色模型是图像使用的颜色的描述方法。常用的颜色模型有 RGB（红、绿、蓝）模型、CMYK（青、品红、黄、黑）模型、HSB（色彩、饱和度、亮度）模型、YUV（亮度、色度）模型等，这些模型都可以相互转换。一般情况下，RGB 模型在显示器上使用，CMYK 模型在彩色打印机上使用，HSB 模型在用户界面中使用，YUV 模型在彩色电视信号传输时使用。

（3）像素深度是指位图中像素所占的位数，即像素的所有颜色分量的二进制数之和，它反映了构成图像的颜色总数目。例如灰度图像的每个像素只有一个分量，一般用 8～12 个二进位表示，其取值范围是 $0\sim2^n-1$，表示 2^n 种不同的亮度。由 R、G、B 三基色组成的彩色图像，每个分量用 8 个 bit，则该图的像素深度为 24，颜色总数为 2^{24} 种。

3. 图像文件大小

一幅色彩丰富，画面自然、逼真的图像，像素越多，图像深度越大，图像的数据量就越大。图像文件的大小影响图像从硬盘或光盘读入内存所需的时间，为了减少该时间，可以采用缩小图像尺寸或采用图像压缩技术来减小图像文件的大小。

位图图像数据量的计算公式如下：（以字节为单位）

图像数据量=水平分辨率×垂直分辨率×像素深度/8

4. 图像的压缩编码

表 5-2 为几种常用格式的图像的数据量。由上述位图图像数据量计算公式和表 5-2 得知，图像数据量是很大的。为了降低数据量，提高图像在网络上的传输速度，需要对图像进行压缩编码。图像数据能够压缩是因为数字图像中有大量的数据冗余；而人眼视觉也有一定的局限性，允许图像有一些失真。

表 5-2 几种常用格式的图像的数据量

图像大小	8 位色（256 色）	16 位色（65536 色）	24 位色（真彩色）
640×480	300 KB	600 KB	900 KB
1024×768	768 KB	1.5 MB	2.25 MB
1280×1024	1.25 MB	2.5 MB	3.75 MB

图像数据压缩有两种类型：一种是无损压缩，也称为可逆压缩，是指用压缩后的数据还原出来的图像与原始图像没有任何误差，完全相同；另一种是有损压缩，也称为不可逆压缩，是指用压缩后的数据还原出来的图像与原始图像有一定的误差，但不影响人们的正确理解。

图像的压缩方法很多，为了得到较小的图像文件，一般采用有损压缩，如变换编码、矢量编码等，有时可以几种压缩编码组合使用。无论使用何种压缩编码方法，对压缩方法可以从以下 3 方面进行评价：压缩倍数的大小、重建图像的质量、压缩算法的复杂程度。

为了便于在不同的系统中交换图像数据，人们对计算机中使用的图像编码方法制定了一些国际标准和工业标准。JPEG 标准是由联合照片专家组（Joint Photographic Experts Group）开发的，并将其命名为“ISO 10918-1”。JPEG 是一种俗称。JPEG 文件的扩展名为 jpg 或 jpeg，其压缩技术十分先进。它用有损压缩方式去除图像中的冗余信息，获取极高的压缩比的同时能展现丰富生动的图像，同时 JPEG 还是一种很灵活的格式，具有调节图像质量的功能，允许用不同的压缩比例对各种文件压缩，可以在图像质量和文件尺寸之间寻求平衡点。它的应用也非常广泛，特别是在网络和光盘读物上。

JPEG 2000 作为 JPEG 的升级版，其压缩率比 JPEG 高约 30%，同时支持有损压缩和无损压缩，且向下兼容，可取代传统的 JPEG 格式。

5. 常用图像文件格式

图像文件格式是指计算机中存储图像文件的方法，它们代表不同的图像信息。因特网和 PC 机中常用的图像文件格式有以下几种。

（1）BMP。BMP 是 DOS 和 Windows 兼容计算机系统的标准 Windows 图像格式。彩色图像存储为 BMP 格式时，每一个像素所占的位数可以是 1 位、4 位、8 位或 32 位，相对应的颜色数也从黑白一直到真彩色。它可以指定采用 RLE 进行压缩，这种格式在 PC 机上应用非常普遍。

（2）TIFF。TIFF 是一种应用非常广泛的位图图像格式，几乎被所有绘画、图像编辑和页面排版应用程序所支持。TIFF 格式常常用于应用程序之间和计算机平台之间交换文件。

（3）GIF 格式。GIF 格式最多只能处理 256 种色彩，不能用于存储真彩色的图像文件，可以极大地节省存储空间，因此常常用于保存作为网页数据传输的图像文件。该格式支持透明背景，可以较好地与网页背景融合在一起，可以将多张图像保存在同一个文件中，显示时按预先设定的时间间隔逐一进行显示，从而具有动画的效果，在网页制作中大量使用。

（4）JPEG。JPEG 是静止图像数据压缩编码的国际标准，特别适合各种连续色调的彩色或灰度图像，在计算机和数码相机中已得到广泛应用，当图像保存为 JPEG 格式时，可以指定图像的品质和压缩级别。

（5）PSD。PSD 是 Photoshop 特有的图像文件格式，支持 Photoshop 中所有的图像类型。它可以将所编辑的图像文件中的所有有关图层和通道的信息记录下来，所以在编辑图像的过程中，通常将文件保存为 PSD 格式，以便于重新读取需要的信息。但是，PSD 格式的图像文件很少为其他软件和工具所支持，所以在图像制作完成后，通常需要转换为一些比较通用的图像格式，以便于输出到其他软件中继续编辑。另外，用 PSD 格式保存图像时，图像没有经过压缩，所以当图层较多时，会占用很大的硬盘空间。

6. 图像的处理与应用

数字图像处理是指将一幅图像变成另一幅经过修改的图像，是由一个图像到另一个图像的过程。利用计算机软件将图像进行去噪、增强、复原、裁剪、拼接、提取特征、压缩、存储以及检索等处理，主要目的是提高图像的视觉质量，恢复与重建有失真和畸变的图像，进行图像分析、图像数据压缩、图像的检索，这一切处理都是为了更好地体现图像的信息和更好地分析图像信息。

Adobe 公司的 Photoshop 是应用最为广泛的专业图像处理软件，Photoshop 在平面设计、网页设计及建筑装修设计等领域是必备的图像处理软件之一。它集图像扫描、编辑、绘图、合成及图像输出等多种功能于一体。

数字图像在广告、通信、电视、出版、医疗诊断及电子商务等领域有着广泛的应用。例如，电视电话、电视会议等就是图像通信；在广告领域的应用，如宣传海报、广告牌、灯箱等；在工业生产领域的应用，如产品质量检测、生产过程自动控制等；在医疗诊断方面，利用现代成像技术结合图像处理与分析技术，可以进行疾病的分析与诊断，图 5-9 所示为患者手部医疗图像；在军事、公安、档案管理方面的应用，如军事侦察、指纹识别等，如图 5-10 所示；另外，数字图像还可用于古迹和图片档案修复等领域。

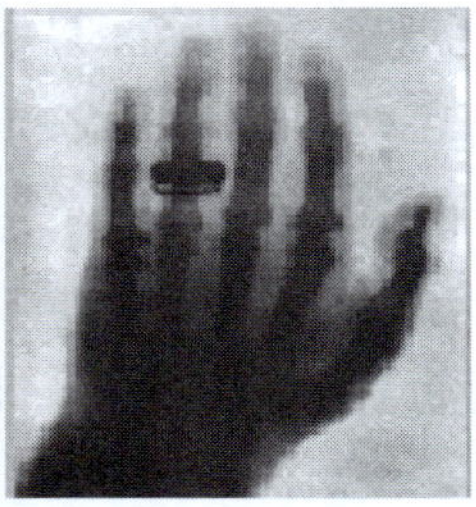

图 5-9 医疗图像

图 5-10 指纹识别图

5.4.2 计算机图形

计算机图形也称为计算机合成图像（矢量图形），是计算机对景物的图形描述。

根据景物描述的方法，对规则的普通工业产品（如电视机、汽车、轮船等）可根据几何特性，使用基本的点、线、面、体等几何元素及表面材料的性质描绘景物。例如，一幅矢量图形中的自行车轮胎是由一个圆的数学定义组成的，这个圆按照某一半径绘制，放在特定的位置并填充特定的颜色，这样建立的模型称为“几何模型”。

在现实世界中，有很多景物无法使用几何模型来描述，例如树木、花草、天空、山脉等不规则的景物，需要找出它们的生成规律，使用相应的算法来描述，这种模型称为“过程模型”或“算法模型”。

矢量图形与分辨率无关，可以将它们缩放到任意尺寸，也可以按任意分辨率进行打印，而不会丢失细节或降低清晰度。图 5-11 所示分别为在 3:1 和 24:1 的放大比率下的位图，图 5-12 所示是矢量图的对照。可以看出，位图图像放大后出现了锯齿模糊，而矢量图经过放大后未丢失细节，依然清楚。

图 5-11 不同放大级别的位图图像示例

图 5-12 不同放大级别的矢量图形示例

在绘制图形过程中需要进行大量的计算，即绘制过程的计算量很大。有些计算机所配置的图形卡（显卡）上安装了功能很强的专用绘图处理器，它能承担绘制过程中的大部分计算任务。

计算机合成图像有着广泛的应用，如计算机辅助设计和辅助制造，可用计算机来设计和绘制电路图、印制板、机械零件图等。计算机的应用可以缩短产品的设计周期，提高产品的设计质量，利用计算机绘制各种地理、交通、气象等信息图，既可以方便快捷地进行绘制和更新，又可以进行查询和分析，给我们提供了极大的便利。

5.4.3 图像与图形的比较

图像与图形的比较见表 5-3。

表 5-3 图像与图形的比较

比较内容	图像	图形
生成方法	将景物的映像（投影）离散化，然后使用像素表示	使用计算机描述景物的结构、形状与外貌
表现能力	能准确地表示出实际存在的任何景物与形体的外貌，但丢失了部分三维信息	规则的形体（实际的或假想的）能准确表示，自然景物只能近似表示
编辑处理软件	典型的图像处理软件，如 Photoshop	典型的矢量绘图软件，如 AutoCAD
文件格式	.bmp、.gif、.tif、.jpg 等	.dwg、.dxf、.wmf 等
数据量	大	小

练一练（单选题）

1．以 jpg 为扩展名的文件通常是（　　）。

A．文本文件　　B．音频信号文件

C．图像文件　　D．视频信号文件

2．JPEG 是一个用于数字信号压缩的国际标准，其压缩对象是（　　）。

A．文本　　B．音频信号

C．静态图像　　D．视频信号

3．对一个图形来说，与矢量格式文件相比，通常位图格式文件存储所占用的空间（　　）。

A．更小　　B．更大　　C．相同　　D．无法确定

4．某 800 万像素的数码相机，拍摄照片的最高分辨率大约是（　　）。

A．3200×2400　　B．2048×1600　　C．1600×1200　　D．1024×768

5. 若彩色显示器的 R、G、B 三基色分别使用 6 个二进位表示，那么它大约可以显示（　　）种不同的颜色。

A．约 1600 万　　B．约 26 万　　C．18 万　　D．6.5 万

6．静止图像压缩编码的国际标准有多种，下面给出的图像文件类型采用国际标准的是（　　）。

A．BMP　　B．GIF　　C．TIF　　D．JPG

7．下列关于计算机合成图像的应用中，错误的是（　　）。

A．可以用来设计电路图　　B．可以用来生成天气图

C．可以用于医疗诊断　　D．可以制作计算机动画

5.5　视频

视频产生的原理是基于人类眼睛的这样一种生理特性：当图像出现在视网膜上后，将滞留几毫秒才会消失。所以当一系列的图像以每秒 25 幅或以上的速度呈现时，眼睛并不会注意到所见到的景象是不连续的图像，所有视频（例如电影和电视）系统都是应用这一原理来产生动态图像的。常见的视频可分为模拟视频和数字视频两类。

5.5.1　模拟视频

模拟视频是在时间和空间上都是连续的信号。广播电视系统就是标准的模拟视频。电视的制式有 PAL、NTSC、SECAM 3 种。我国采用的是 PAL 制式的彩色电视信号，帧频为 25 帧/s，每帧 625 个扫描行，场频为 50 场/s。PAL 制式的电视信号在远距离传输时，像素的颜色不使用 RGB 表示，而是使用 YUV 表示，其中 Y 表示亮度信号，U、V 表示色度信号。这样可以保持与黑白电视兼容，同时可以减少色度信号来节省电视信号的带宽和发射功率。彩色信号的 YUV 表示法与 RGB 表示法可以按照一定的公式进行相互转换。

模拟视频信号可以经过视频采集卡转换成数字视频文件存储在数字载体中。

5.5.2　数字视频

1．数字视频的基本知识

数字视频系统是以数字化的方式记录连续变化的图像信息的信息系统。当计算机对视频进行数字化时，就必须在规定的时间内（如 1/25s 内）完成量化、压缩、存储等多项工作。数字视频具有以下优点：传输和复制时不会造成图像质量下降；容易编辑和修改；传输时抗干扰能力强；节省频率资源。在线的数字视频获取设备是数字摄像头，如图 5-13 所示；离线的数字视频获取设备是数码摄像机，如图 5-14 所示。它们都可以采用 USB 或 IEEE 1394 接口与计算机相连。

2．数字视频压缩编码的国际标准

数字视频的数据量大得惊人，1 分钟的数字电视图像未压缩时其数据量约为 1GB，这给存储、传输和处理都造成很大的困难，因此必须进行压缩。数字视频的数据量可压缩几十倍甚至

几百倍，常用的是 MPEG 标准。

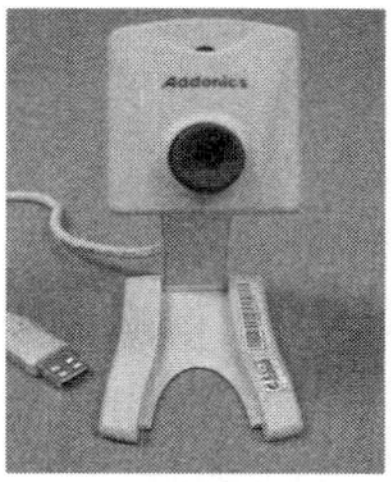

图 5-13　数字摄像头

图 5-14　数码摄像机

MPEG 是活动图像专家组（Moving Picture Expert Group）的缩写。MPEG 标准主要有以下 5 个：MPEG-1、MPEG-2、MPEG-4、MPEG-7 及 MPEG-21。MPEG 标准的视频压缩编码技术主要利用了具有运动补偿的帧间压缩编码技术以减小时间冗余度，利用 DCT 技术减小了图像的空间冗余度，利用熵编码技术在信息表示方面减小了统计冗余度。这几种技术的综合运用，大大提高了压缩性能。

（1）MPEG-1 标准。该标准于 1992 年 11 月通过，是为工业级标准而设计的，可适用于不同带宽的设备，如 CD-ROM、CD 等。MPEG-1 的编码速率最高可达 4～5Mb/s。

（2）MPEG-2 标准。1995 年出台的 MPEG-2 标准是为 DVB、HDTV 和 DVD 等制定的 3～10Mb/s 的运动图像及其伴音的编码标准。由于 MPEG-2 出色的性能表现（已能适用于 HDTV），使得原打算为 HDTV 设计的 MPEG-3 标准还没问世就被抛弃了。

（3）MPEG-4 标准。MPEG-4 标准将众多的多媒体应用集成于一个完整的框架内，旨在为多媒体通信及应用环境提供标准的算法及工具，用于实现音视频（Audio-Visual）数据的有效编码及更为灵活的存取。它是基于内容的压缩编码标准。

（4）MPEG-7 标准。MPEG-7 标准对各种不同类型的多媒体信息进行了标准化的描述，并将该描述与所描述的内容相联系，以实现快速有效的搜索。它是“多媒体内容描述接口”标准。

3. 数字视频的处理与应用

数字视频的应用非常广泛，如家庭娱乐使用的 VCD 和 DVD、现代通信领域的可视电话和视频会议、现代传媒中的数字电视和点播电视（VOD）、影视制作中的计算机合成卡通动画和电影特技等。

比较流行的数字视频的编辑处理软件是 Adobe 公司的 Premiere，它可以根据需要对视频素材进行剪辑，添加音乐和字幕或者动画与特效等。

4. 视频文件格式

视频文件的格式有以下几种。

（1）AVI 视频文件。AVI 的英文全称为 Audio Video Interleaved，即音频视频交错格式，是将语音和影像同步组合在一起的文件格式。它对视频文件采用了一种有损压缩方式，支持 256 色和 RLE 压缩，压缩率比较高。这种格式的文件随处可见，比如一些游戏、教育软件的片头等。AVI 格式常用在多媒体光盘上，用来保存电视、电影等各种影像信息。AVI 格式是 Windows 操作系统上最基本的，也是最常用的一种媒体文件格式之一，是目前视频文件的主流。

（2）MPEG 文件。MPEG 的英文全称为 Moving Picture Expert Group，即运动图像专家组格式，常见的 VCD、SVCD、DVD 就使用了这种格式。

（3）随着网络上流媒体技术的发展，现在还出现了流媒体格式的视频文件，如 RM、ASF、WMA 等。

5.5.3 合成视频

计算机动画是典型的合成视频。计算机动画是使用计算机生成一系列内容连续的画面供实时演播的一种技术。它是一种计算机合成的数字视频，而不是用摄像机拍摄的“自然视频”。它通过在计算机中建立景物的模型，描述它们的运动，生成一系列逼真的图像。

计算机设计动画的方法有两种：一种是矢量动画，另一种是帧动画。

- 矢量动画是经过电脑计算而生成的动画，主要表现为变换的图形、线条和文字，其画面由关键帧决定，采用编程方式或利用某些工具软件制作。
- 帧动画则是由一幅幅图像组成的连续画面，就像电影胶片或视频画面一样，要分别设计每屏显示的画面。

计算机制作动画时，只需要做好关键帧画面，其余的中间画面可由计算机内插来完成。不运动的部分直接复制过去，与关键帧画面保持一致。当这些画面仅是二维的透视效果时，就是二维动画。如果通过三维形式创造出空间形象的画面，就是三维动画。如果使其具有真实的光照效果和质感，就成为三维真实感动画。

动画的制作一般借助于动画制作软件，如二维动画软件 Flash 和三维动画软件 3DS MAX 等。在各种媒体的创作系统中，创作动画对软硬件环境要求都是较高的，它不仅需要高速的 CPU、较大的内存，而且制作动画的软件工具也较复杂和庞大。复杂的动画软件除具有一般绘画软件的基本功能外，还提供了丰富的画笔处理功能和多种实用的绘画方式，如平滑、滤边、打高光及支持丰富色彩的调色板等。计算机动画技术主要应用于卡通片和电影特技中，如电影《海底总动员》《侏罗纪公园》《泰坦尼克号》等都曾使用过计算机动画技术。

练一练（单选题）

1．以 avi 为扩展名的文件通常是（　　）。

A．文本文件　　B．音频信号文件　C．图像文件　　D．视频信号文件

2．网上的在线音频广播、实时音乐点播等都是采用（　　）实现的。

A．流媒体技术　　B．IP 技术　　C．ISDN 技术　　D．GPRS 技术

3．数字卫星电视和新一代数字视盘 DVD 采用的数字视频压缩编码标准是（　　）。

A．MPEG-1　　B．MPEG-2　　C．MPEG-4　　D．MPEG-7

4．为了节省频率资源且能与黑白电视保持兼容，PAL 制式彩色电视信号进行传输时，彩色图像使用的颜色空间是（　　）。

A．RGB　　B．YUV　　C．CMY　　D．HSB

单元训练题

单选题

1．在标准 ASCII 码表中，已知英文字母 K 的十六进制码值是 4B，则二进制 ASCII 码

1001000 对应的字符是（　　）。

A．G　　B．H　　C．I　　D．M

2．在下列字符中，其 ASCII 码值最大的一个是（　　）。

A．9　　B．Q　　C．d　　D．F

3．标准的 ASCII 码用 7 位二进制位表示，可表示（　　）个不同的编码。

A．127　　B．128　　C．255　　D．256

4．在下列关于字符大小关系的说法中，正确的是（　　）。

A．空格>a>A　　B．空格>A>a　　C．a>A>空格　　D．A>a>空格

5．在标准 ASCII 码表中，已知英文字母 D 的 ASCII 码是 68，英文字母 A 的 ASCII 码是（　　）。

A．64　　B．65　　C．96　　D．97

6．一个字符的标准 ASCII 码的长度是（　　）。

A．7 bits　　B．8 bits　　C．16 bits　　D．6 bits

7. 在标准 ASCII 码表中，已知英文字母 A 的 ASCII 码是 01000001，英文字母 D 的 ASCII 码是（　　）。

A．01000011　　B．01000100　　C．01000101　　D．01000110

8．在标准 ASCII 码表中，数字码、小写英文字母和大写英文字母的前后次序是（　　）。

A．数字、小写英文字母、大写英文字母

B．小写英文字母、大写英文字母、数字

C．数字、大写英文字母、小写英文字母

D．大写英文字母、小写英文字母、数字

9．汉字的区位码由汉字的区号和位号组成。其区号和位号的范围分别为（　　）。

A．区号 1～95，位号 1～95　　B．区号 1～94，位号 1～94

C．区号 0～94，位号 0～94　　D．区号 0～95，位号 0～95

10．五笔字型汉字输入法的编码属于（　　）。

A．音码　　B．形声码　　C．区位码　　D．形码

11．显示或打印汉字时，系统使用的是汉字的（　　）。

A．机内码　　B．字形码　　C．输入码　　D．国际交换码

12．若已知一个汉字的国标码是 5E38H，则其内码是（　　）。

A．DEB8H　　B．DE38H　　C．5EB8H　　D．7E58H

13．已知三个字符为 a、X 和 5，按它们的 ASCII 码值升序排序，结果是（　　）。

A．5，a，X　　B．a，5，X　　C．X，a，5　　D．5，X，a

14．用 16×16 点阵来表示汉字的字形，存储一个汉字字形码需用（　　）个字节。

A．13×1　　B．16×2　　C．16×3　　D．16×4

15．以 txt 为扩展名的文件通常是（　　）。

A．文本文件　　B．音频信号文件

C．图像文件　　D．视频信号文件

16．下列叙述中，正确的是（　　）。

A．一个字符的标准 ASCII 码占一个字节的存储量，其最高二进制位总为 0

B．大写英文字母的 ASCII 码值大于小写英文字母的 ASCII 码值

C．同一个英文字母（如 A）的 ASCII 码和它在汉字系统下的全角内码是相同的

D．标准 ASCII 码表的每一个 ASCII 码都能显示成一个相应的字节

17．在标准 ASCII 码表中，已知大写英文字母 A 的十进制码值是 65，小写英文字母 a 的十进制码值是（　）。

A．95　　B．96　　C．97　　D．91

18．在下列字符中，其 ASCII 码值最大的是（　）。

A．Z　　B．9　　C．空格字符　　D．a

19．存储一个 48×48 点阵的汉字字形码需要的字节数是（　）。

A．384　　B．144　　C．256　　D．288

20．为了区别于使用数码相机、扫描仪得到的取样图像，矢量图形也称为（　）。

A．位图图像　　B．3D 图像　　C．计算机合成图像　　D．点阵图像

21．下面关于计算机中图像表示方法的叙述中，错误的是（　）。

A．图像大小也称为图像的分辨率

B．彩色图像具有多个位平面

C．图像的颜色描述方法（颜色模型）可以有多种

D．图像像素深度决定了一幅图像所包含的像素的最大数目

22．GBK 是汉字内码的一种扩充规范，关于 GBK 下面叙述中错误的是（　）。

A．它共有 20000 多个汉字

B．它使用双字节表示，字节的最高位均为 1

C．它与 GB 2312 保持向下兼容

D．它不但有简体字，也有繁体字

23．下列功能中（　）不属于声卡的功能。

A．将声波转换为电信号　　B．波形声音的重建

C．MIDI 的输入　　D．MIDI 音乐的合成

24．把图像（或声音）数据中超过人眼（耳）辨认能力的细节去掉的数据压缩方法称为（　）。

A．无损数据压缩　　B．有损数据压缩

C．PEG 压缩　　D．MPEG 压缩

25．一幅具有真彩色（24 位）、分辨率为 1024×768 的数字图像，在没有进行数字压缩时，它的数据量大约是（　）。

A．900KB　　B．18MB　　C．3.75MB　　D．2.25MB

26．把模拟的声音信号转换为数字形式有很多优点，以下不属于其优点的是（　）。

A．数字声音能进行数据压缩，传输时抗干扰能力强

B．数字声音易与其他媒体相互结合（集成）

C．数字形式存储的声音复制时没有失真

D．波形声音经过数字化处理后，其音质将大为改善

27．下面是一些常用的文件类型，其中（　）文件类型是最常用的 WWW 网页文件。

A．txt 或 text　　B．htm 或 html

C．gif 或 jpeg　　D．wav 或 au

28．汉字从键盘输入到存储器或内存，涉及汉字输入码和汉字（　　）。

A．DOC 码　　B．ASCII 码　　C．区位码　　D．机内码

29．数码相机的 CCD 像素越多，所得到的数字图像的清晰度就越高，如果想拍摄 1600*1200 的相片，那么数码相机的像素数目至少应该有（　　）。

A．400 万　　B．300 万　　C．200 万　　D．100 万

30．下列有关字符编码标准的叙述中，正确的是（　　）。

A．UCS/Unicode 编码实现了全球不同语言文字的统一编码

B．ASCII、GB 2312、GBK 是我国为适应汉字信息处理需要而制定的一系列汉字编码标准

C．UCS/Unicode 编码与 GB 2312 编码保持向下兼容

D．GB 18030 标准就是 Unicode 编码标准，它是我国为了与国际标准 UCS 接轨而发布的汉字编码标准

31．图像的数据压缩方法很多，（　　）不是评价压缩编码方法优劣的主要指标。

A．压缩比的大小　　B．图像分辨率大小

C．重建图像的质量　　D．压缩算法的复杂程度

32．像素深度为 6 位的单色图像中，不同亮度的最大数目为（　　）。

A．64　　B．256　　C．4096　　D．128

33．在下列汉字编码标准中，不支持繁体汉字的是（　　）。

A．GB 2312　　B．GBK　　C．BIG 5　　D．GB 18030

34．数字图像压缩编码的方法有很多，数码相机采用的是（　　）。

A．GIF　　B．JPEG　　C．MP3　　D．MPEG

35．下列关于合成声音的叙述中，错误的是（　　）。

A．计算机合成声音有两类，分别是计算机合成语音和计算机合成音乐

B．通俗地说，计算机合成语音就是让计算机模仿人把一段文字读出来，这个过程称为文语转换

C．计算机合成语音广泛应用于电话信息查询、语音秘书、残疾人服务等多个方面

D．计算机合成语音，又称 MIDI，主要由声卡来完成

36．下列关于 MIDI 的叙述中，错误的是（　　）。

A．MIDI 声音的特点是数据量很少，但易于编辑修改

B．.mid 文件和.wav 文件都是计算机的音频文件

C．MIDI 既可以表示乐曲，也能表示歌曲

D．类型为 MID 的文件是一种使用 MIDI 规范表示的音乐，可以由 Windows 的媒体播放器软件播放

37．使用计算机进行文本编辑与文本处理是常见的两种操作，下列不属于文本处理的是（　　）。

A．文本检索　　B．字数统计　　C．汉字输入　　D．文语转换

参考文献

[1] 王保云．物联网技术研究综述[J]．电子测量与仪器学报，2009，23（12）：1-7．

[2] 张春芳，秦凯，张宇．计算机基础与应用[M]．3 版．北京：中国水利水电出版社，2014．

[3] 张国永．大学信息技术基础[M]．北京：高等教育出版社，2020．

[4] 林子雨．大数据导论－数据思维、数据能力和数据伦理[M]．北京：高等教育出版社，2020．

[5] 梅宏．大数据导论[M]．北京：高等教育出版社，2018．

[6] 张广渊，周风余．人工智能概论[M]．北京：中国水利水电出版社，2019．

[7] 钱银中．人工智能导论[M]．北京：高等教育出版社，2019．

[8] 何琼，楼桦，周彦兵．人工智能技术应用[M]．北京：高等教育出版社，2020．

[9] 黄海玉．大学计算机信息素养基础[M]．北京：中国水利水电出版社，2018．

[10] 张春芳．计算机基础与应用[M]．3 版．北京：中国水利水电出版社，2018．

[11] 刘畅．Office 2016 办公应用从入门到精通[M]．2 版．北京：中国铁道出版社，2019．

[12] 王立武．计算机基础知识[M]．沈阳：辽海出版社，2018．